# AI 陪你学信奥

## CCF CSP认证通关实训

刘增杰　王少华　柳华盛◎编

清华大学出版社
北京

## 内容简介

本书面向CCF CSP认证考试的初学者。全书分为9章，主要内容包括使用AI提升备考效率、CSP-J选择题真题分析讲解、CSP-J程序阅读题真题分析讲解、CSP-J完善程序真题讲解、CSP-S选择题真题解析、CSP-S程序题真题解析、CSP-S完善程序题真题解析、CSP-J考试模拟练兵场、CSP-S考试模拟练兵场。

本书适合对信息学奥林匹克竞赛（简称信奥赛）感兴趣的家长、教练和选手阅读，希望可以让大家提高备考效率，对信奥赛有更深刻的理解。

版权所有，侵权必究。举报：010-62782989，beiqinquan@tup.tsinghua.edu.cn。

图书在版编目（CIP）数据

AI陪你学信奥：CCF CSP认证通关实训 / 刘增杰，王少华，柳华盛编.

北京：清华大学出版社，2025.6. -- ISBN 978-7-302-69365-9

Ⅰ. TP311-49

中国国家版本馆CIP数据核字第2025RZ5819号

责任编辑：张　敏
封面设计：杨玉兰
责任校对：胡伟民
责任印制：刘　菲

出版发行：清华大学出版社
网　　址：https://www.tup.com.cn，https://www.wqxuetang.com
地　　址：北京清华大学学研大厦A座　　邮　编：100084
社　总　机：010-83470000　　邮　购：010-62786544
投稿与读者服务：010-62776969，c-service@tup.tsinghua.edu.cn
质量反馈：010-62772015，zhiliang@tup.tsinghua.edu.cn
课件下载：https://www.tup.com.cn，010-83470236

印装者：三河市人民印务有限公司
经　　销：全国新华书店
开　　本：203mm×260mm　　印　张：15.5　　字　数：475千字
版　　次：2025年6月第1版　　印　次：2025年6月第1次印刷
定　　价：69.80元

产品编号：111439-01

# 编委会

| | |
|---|---|
| 宁波市江北区新城外国语学校 | 李丽美 |
| 宁海未来科技培训有限公司 | 叶晓璐 |
| 宁波灵创教育科技有限公司 | 张立池 |
| 鑫珂（宁波）科技有限公司 | 赵波呢 |
| 点金信奥 | 张义丰 |
| 宁波乐智教育有限公司 | 陈洪秀 |

# 推荐语

　　本书是信奥学习者不可多得的智能指南。全书以 CCF CSP 考纲为框架，系统覆盖知识体系，辅以 AI 技术赋能学习全流程——从代码纠错、算法优化到个性化复习规划，AI 的深度嵌入让信奥的学习更加精准高效。书中的真题解析配以考点识别、分析讲解、编程魔法师讲解考点与题目总结，每个章节更配有模拟试题，助力读者全面提升实战能力。作为竞赛教练，我深知学习方法的重要性。

　　本书创新性地实践了"AI+ 教育"，为"授人以渔"的教学理念注入了新的时代活力。愿每一位翻开本书的读者，都能在 AI 的陪伴下，解锁更深层次的学习潜能，收获属于自己的荣耀时刻！

——信息学竞赛教练　林秋慧

　　这本书的出现，无疑为我们的科技教育工作注入了新的活力。它以独特的"陪伴式"学习视角，深入浅出地讲解了 AI 与信息学奥赛的核心知识点，寓教于乐，非常贴合青少年的认知特点与学习习惯。

　　这本书不仅是孩子们探索未来科技世界的良师益友，更是他们备战信息学竞赛、提升综合科技素养的得力助手。我深信，它将点燃更多青少年对科技的热情，引领他们走向更广阔的创新舞台。

——宁波鄞州青少年宫副主任　郁大鹏

## 推荐语

　　本书以 CSP-J/S 认证考试为核心，系统解析了历年真题与模拟题。从选择题到程序阅读题、完善题，每一道题目都配有深入浅出的分析，帮助考生快速掌握解题逻辑。更值得一提的是，书中深度融合了豆包 AI 的功能，将代码调试、算法优化、个性化复习计划等智能工具与备考场景紧密结合。

　　对于学生而言，这本书是备考的"最佳拍档"。无论是初学编程的入门者，还是冲刺提高级的选手，都能从中找到针对性的提升策略。家长和教师也能通过书中清晰的框架，高效指导学生制定学习计划，避免盲目刷题的误区。

宁海县金阳小学科创中心主任<br>
宁波市计算机学会信息素养专委会副主任　王大财

# 前言

在科技飞速发展的 2025 年，人工智能（AI）与信息学奥林匹克竞赛（简称信奥赛）早已不是陌生的词汇，它们如两颗璀璨的星星，照亮了无数青少年探索科技世界的道路。当你翻开手中这本书，就如同打开了一扇通往 AI 信奥赛奇妙世界的大门，一段充满挑战与惊喜、知识与成长的旅程即将开始。

信奥赛作为一项高规格、极具影响力的竞赛，汇聚了全球青少年编程爱好者的智慧与热情。它不仅是对编程技能的严格考验，更是对逻辑思维、创新能力、问题解决能力的深度挖掘。从基础的编程语言语法到复杂的算法设计与数据结构运用，从解决简单的数学问题到应对现实世界的复杂场景，信奥赛的赛题就像一个个精心设计的谜题，等待着选手们去解开。每一次攻克难题，都是思维的一次突破；每一次优化算法，都是对效率与智慧的极致追求。在这个过程中，选手们不断磨砺自己，逐渐成长为能够用代码改变世界的科技新星。

本书正是为了帮助广大青少年更好地踏上信奥赛的征程而精心编写的。它凝聚了众多资深教练、竞赛选手的经验与智慧，从基础知识到高级技巧，从经典算法到前沿 AI 应用，都进行了系统而全面的讲解。书中不仅有详细的理论阐述，更有丰富的实战案例与练习题，让你在学习的过程中能够学以致用，逐步提升自己的编程能力与竞赛水平。

无论你是刚刚接触编程的新手，还是已经在信奥赛中崭露头角的选手，这本书都将成为你不可或缺的良师益友。它将陪伴你在代码的海洋中遨游，在算法的山峰上攀登，在信奥赛的天空中翱翔。希望你能珍惜这段学习的时光，享受探索的乐趣，在信奥赛的舞台上绽放属于自己的光芒！

## 写作团队

本书由刘增杰、王少华和柳华盛编。在编写过程中，尽所能地将最好的讲解呈现给读者，书中难免存在一些缺点和错误，殷切希望广大读者批评指正。

本书读者如果遇到疑难问题，请关注抖音号：xingweilan88，联系作者解决学习过程中的疑惑，读者还可以扫描左边二维码获取相关资源。

本书资源

编者
2025.6

# 目录

### 第 1 章　使用 AI 提升备考效率 ········· 1
- 1.1　CSP 考试背景概述 ········· 1
- 1.2　豆包 AI 的信奥赛相关功能 ········· 3
- 1.3　利用 AI 制作个性化复习计划 ········· 6
- 1.4　利用豆包 AI 提升学习效果 ········· 8

### 第 2 章　CSP-J 选择题真题分析讲解 ········· 14
- 2.1　2024 年 CSP-J 第一轮选择题 ········· 14
- 2.2　2023 年 CSP-J 第一轮选择题 ········· 30
- 2.3　CSP-J 选择题模拟训练 ········· 53

### 第 3 章　CSP-J 程序阅读题真题分析讲解 ········· 55
- 3.1　2024 年 CSP-J 第一轮程序阅读题 ········· 55
- 3.2　2023 年 CSP-J 第一轮程序阅读题 ········· 71
- 3.3　CSP-J 第一轮程序阅读模拟题 ········· 86

### 第 4 章　CSP-J 完善程序真题讲解 ········· 90
- 4.1　2024 年 CSP-J 第一轮完善程序题 ········· 90
- 4.2　2023 年 CSP-J 第一轮完善程序题 ········· 98
- 4.3　CSP-J 第一轮完善程序模拟题 ········· 108

### 第 5 章　CSP-S 选择题真题解析 ········· 110
- 5.1　2024 年 CSP-S 选择题 ········· 110
- 5.2　2023 年 CSP-S 选择题 ········· 127
- 5.3　CSP-S 选择题模拟题训练 ········· 150

## 第 6 章　CSP-S 程序题真题解析 ... 152

  6.1　2024 年 CSP-S 程序题 ... 152

  6.2　2023 年 CSP-S 程序题 ... 171

  6.3　CSP-S 程序模拟训练 ... 187

## 第 7 章　CSP-S 完善程序题真题解析 ... 192

  7.1　2024 年 CSP-S 完善程序题 ... 192

  7.2　2023 年 CSP-S 完善程序题 ... 206

  7.3　CSP-S 完善程序模拟训练 ... 220

## 第 8 章　CSP-J 考试模拟练兵场 ... 224

  8.1　选择题 ... 224

  8.2　程序阅读 ... 225

  8.3　阅读程序 ... 228

## 第 9 章　CSP-S 考试模拟练兵场 ... 230

  9.1　选择题 ... 230

  9.2　程序阅读题 ... 231

  9.3　完善程序题 ... 236

# 第1章 使用AI提升备考效率

## 1.1 CSP考试背景概述

CSP（Certified Software Professional，软件能力认证）是由中国计算机学会（CCF）主办的全国性计算机软件能力认证考试，旨在普及计算机科学知识，提高青少年的编程能力，并为信息学奥林匹克竞赛选拔和培养优秀人才。

### 1. CSP简介

CSP认证考试自设立以来，已成为国内计算机教育领域的重要组成部分。其主要目标包括：

（1）普及计算机科学知识：通过认证考试，激发中小学生对计算机科学的兴趣，培养其逻辑思维和问题解决能力。

（2）提高编程能力：通过系统的学习和训练，提升学生的编程水平，为未来从事计算机相关专业打下坚实基础。

（3）选拔信息学竞赛人才：为全国信息学奥林匹克竞赛（NOI）选拔和储备优秀选手，推动我国信息学竞赛水平的提升。

### 2. 竞赛体系

CSP认证考试分为两个级别。

CSP-J（入门级）：主要面向小学和初中学生，考查基础编程能力和算法理解。考试内容侧重于简单的数据结构、基本算法和程序设计。

CSP-S（提高级）：针对初中和高中学生，注重复杂问题的解决能力和高级算法的应用。考试内容涵盖高级数据结构、算法设计与分析，以及实际问题的编程实现。

每个级别的认证考试分为两个阶段。

第一轮认证（初赛）：主要考查学生的计算机基础知识和基本编程能力。考试形式为笔试，题目类型包括选择题、填空题和简答题。

第二轮认证（复赛）：重点评估学生的程序设计能力和算法应用水平。考试形式为上机编程，要求学生在规定时间内完成若干编程题目。

### 3. 比赛规则

了解CSP认证考试的规则，有助于考生更好地备考和参赛。

1）参赛资格

CSP 认证考试对所有对计算机科学感兴趣的中小学生开放，无特定的参赛资格限制。无论是否有编程基础，只要对编程有热情，均可报名参加。

2）比赛形式

初赛：笔试形式，主要考查计算机基础知识和基本编程概念。题型包括选择题、填空题和简答题。

复赛：上机编程考试，考查学生的实际编程能力和算法应用水平。学生需要在规定时间内完成若干编程题目，提交代码并通过测试。

3）评分标准

CSP 认证考试采用统一的评分标准。

初赛：根据答题的正确性和完整性进行评分。每题分值不同，最终成绩为各题得分之和。

复赛：根据提交代码的正确性、效率和代码风格等综合评定。每道题目设定满分，按照测试数据的通过情况给予相应得分。

考试结束后，CCF 将根据考生成绩划定各奖项的分数线，颁发相应的证书。

## 4. 报名与注意事项

1）报名流程

报名参加 CSP 认证考试需要按照以下步骤进行：

注册账号：考生须登录 CSP 认证考试官方网站，点击"新用户注册"，选择"选手注册"，填写个人信息，包括姓名、身份证号、联系方式等。

选择学校和指导教师：在注册时，考生需要选择所在学校和指导教师。如果学校未在系统中注册，需联系学校相关负责人进行注册。

上传照片：按照要求上传本人近期免冠照片，照片将用于准考证和证书，请确保清晰、规范。

提交审核：填写完毕后，提交信息，等待指导教师审核。

报名考试：审核通过后，登录系统，选择参加的考试级别（CSP-J 或 CSP-S），点击"我要报名"，完成报名。

缴纳费用：按照系统提示，在线缴纳报名费用。

下载准考证：在规定时间内，登录系统下载并打印准考证。

2）重要日期

以下是 CSP 认证考试的关键时间节点（以 2024 年为例）。

教师注册阶段：7 月 10 日—9 月 5 日

学生注册阶段：7 月 17 日—9 月 6 日

缴费时间：7 月 31 日—9 月 7 日

下载准考证：9 月 13 日—9 月 16 日

初赛时间：9 月 16 日

复赛时间：10 月 21 日

## 1.2　豆包 AI 的信奥赛相关功能

豆包 AI 是字节跳动公司于 2023 年 8 月推出的一款基于云雀模型开发的人工智能助手。其设计旨在为用户提供全方位的智能服务，包括聊天对话、写作辅助、编程支持、情感陪伴等多种功能。自上线以来，豆包 AI 凭借其强大的多模态能力和广泛的应用场景，迅速赢得了广大用户的青睐。

信息学奥林匹克竞赛（简称信奥赛）是一项旨在培养中小学生计算思维和编程能力的赛事。备战信奥赛需要学生掌握复杂的算法、数据结构，以及熟练的编程技巧。在这一过程中，豆包 AI 可以作为得力助手，提供全方位的支持。

### 1. 代码编写与调试

豆包 AI 具备强大的编程辅助功能。学生在编写代码时，难免会遇到语法错误、逻辑漏洞等问题。此时，豆包 AI 可以实时检测代码中的错误，并提供详细的修改建议，帮助学生快速定位并修正问题。

案例：一个学生在编写冒泡排序算法时遇到了问题。学生的代码如下：

```cpp
#include <iostream>
#include <vector>
using namespace std;
void bubbleSort(vector<int>& arr) {
    for (int i = 0; i < arr.size(); i++) {
        for (int j = i + 1; j < arr.size(); j++) {
            if (arr[j] < arr[j - 1]) {          // 错误：应比较 arr[j] 和 arr[j-1]，但 j=0 时会越界
                swap(arr[j], arr[j - 1]);
            }
        }
    }
}
int main() {
    vector<int> arr = {5, 3, 8, 4, 2};
    bubbleSort(arr);
    for (int num : arr) cout << num << " ";
    cout << endl;
    return 0;
}
```

学生运行代码时，发现输出结果不正确。此时，学生可以使用豆包 AI 进行调试。具体操作如下。

学生输入提示词：

"请帮助我调试这个冒泡排序算法，输出结果不正确。"

豆包 AI 解析后指出：【AI 平台输出内容具有随机性】

（1）错误点：j = i + 1，导致数组访问越界。

（2）正确做法：内层循环应遍历 j = 0 开始，而不是 j = i + 1。

（3）优化点：减少不必要的比较。

3

修正后的代码：

```cpp
#include <iostream>
#include <vector>
using namespace std;
void bubbleSort(vector<int>& arr) {
    int n = arr.size();
    for (int i = 0; i < n - 1; i++) {          // 外层循环控制轮数
        for (int j = 0; j < n - 1 - i; j++) {  // 内层循环控制比较范围
            if (arr[j] > arr[j + 1]) {
                swap(arr[j], arr[j + 1]);
            }
        }
    }
}
int main() {
    vector<int> arr = {5, 3, 8, 4, 2};
    bubbleSort(arr);
    for (int num : arr) cout << num << " ";
    cout << endl;
    return 0;
}
```

### 2. 算法解析与优化建议

在学习复杂算法时，学生可能会感到困惑。豆包 AI 可以对各种算法进行深入浅出的讲解，帮助学生理解其原理和应用场景。同时，针对学生编写的算法，豆包 AI 能够提出优化建议，提升代码的运行效率。

案例：学生在学习二分查找算法时，使用了下面的代码：

```cpp
#include <iostream>
#include <vector>
using namespace std;
int binarySearch(vector<int>& arr, int target) {
    int left = 0, right = arr.size() - 1;
    while (left <= right) {
        int mid = (left + right) / 2;
        if (arr[mid] == target) return mid;
        else if (arr[mid] < target) left = mid + 1;
        else right = mid - 1;
    }
    return -1;
}
int main() {
    vector<int> arr = {1, 3, 5, 7, 9, 11, 13};
    int target = 7;
    cout << binarySearch(arr, target) << endl;
    return 0;
}
```

学生可以向豆包 AI 提问："请优化这个二分查找算法，如何提高其运行效率？"

豆包 AI 分析后可能给出优化建议：

"二分查找的时间复杂度已经是 $O(\log n)$，无法进一步提高。不过可以通过减少不必要的计算来稍微优化性能，例如计算 mid 的位置时，避免每次都进行 (left + right) /2 的操作。"

它还可能提供另外一种实现方法，使用 mid = left + (right − left) /2 来避免 (left + right) 可能导致的溢出问题。

这样，学生不仅了解了算法优化的关键点，还学会了如何从细节上提升代码的效率。

### 3. 题目生成与解析

练习是备战信奥赛的重要环节。豆包 AI 可以根据学生的当前水平和学习目标，自动生成适合的练习题目。对于学生无法解答的难题，豆包 AI 还能提供详细的解题思路和步骤，帮助学生逐步攻克难关。

假设学生正在学习动态规划，豆包 AI 可以根据学生的学习进度生成题目并提供解析。例如，学生输入：

> "我现在正在学习动态规划，想做一些练习题。"

豆包 AI 生成的题目如下：

题目："给定一个整数数组 nums，找出一个最长递增子序列的长度。你的算法应当有 $O(n \log n)$ 的时间复杂度。"

接着，豆包 AI 会自动解析这个题目，并给出解题步骤：

（1）子问题定义：定义 dp[i] 表示以 nums[i] 结尾的最长递增子序列的长度。

（2）状态转移方程：对于每个 nums[i]，检查它前面的每个 nums[j]，如果 nums[j] < nums[i]，那么 dp[i] = max (dp[i], dp[j] + 1)。

（3）最终答案：答案为 max (dp)，即所有子序列中的最长长度。

通过这种方式，学生不仅能得到题目的解答，还能学习如何拆解题目并理解解题思路。

### 4. 知识点讲解与个性化辅导

信奥赛涵盖的知识点广泛且深奥。豆包 AI 可以根据学生的学习进度和薄弱环节，提供定制化的知识点讲解。无论是基础概念还是高级主题，豆包 AI 都能以通俗易懂的方式进行阐述，满足学生的个性化学习需求。

假设学生在学习图论时，遇到了一些困难，不理解如何实现图的深度优先搜索（DFS）。

学生可以向豆包 AI 提问：

> "请帮我理解图论中的深度优先搜索，能否举个例子？"

豆包 AI 将首先解释深度优先搜索的概念："深度优先搜索（DFS）是一种用于遍历或搜索树或图的算法。它从一个顶点开始，沿着图的边访问未访问的顶点，一直到尽头，再回溯到之前的分叉点继续搜索。"接着，豆包 AI 提供代码示例并逐步解释每一行代码：

```
# 包含必要的头文件
#include <iostream>        // 用于输入输出
#include <vector>          // 用于存储邻接列表
#include <unordered_map>   // 用于存储图结构
```

```cpp
#include <unordered_set>         // 用于存储访问过的节点

using namespace std;
                                 // 深度优先搜索（DFS）函数
dfs(unordered_map<int, vector<int>>& graph, int node, unordered_set<int>& visited) {
                                 // 如果当前节点已经被访问，则直接返回，避免重复访问
    if (visited.count(node)) return;
                                 // 访问当前节点并输出
    cout << "访问节点：" << node << endl;
                                 // 标记当前节点为已访问
    visited.insert(node);
                                 // 遍历当前节点的所有邻接节点
    for (int neighbor : graph[node]) {
                                 // 递归调用 DFS，继续访问邻居节点
        dfs(graph, neighbor, visited);
    }
}
int main() {
                                 // 定义无向图的邻接表表示
    unordered_map<int, vector<int>> graph = {
        {1, {2, 3}},             // 节点 1 连接到 节点 2 和 节点 3
        {2, {1, 4, 5}},          // 节点 2 连接到 节点 1、4 和 5
        {3, {1, 6}},             // 节点 3 连接到 节点 1 和 6
        {4, {2}},                // 节点 4 连接到 节点 2
        {5, {2, 6}},             // 节点 5 连接到 节点 2 和 6
        {6, {3, 5}}              // 节点 6 连接到 节点 3 和 5
    };
                                 // 定义一个集合用于存储已访问的节点
    unordered_set<int> visited;
                                 // 从节点 1 开始执行深度优先搜索
    dfs(graph, 1, visited);
    return 0;                    // 程序结束
}
```

豆包 AI 通过逐步解析代码，帮助学生理解 DFS 如何遍历图，并解释为何在遍历过程中每个节点都要标记为已访问，避免重复访问。如果学生有更多具体问题，豆包 AI 可以根据学生的反馈调整讲解内容，从基本概念到具体应用，提供个性化的辅导。

## 1.3 利用 AI 制作个性化复习计划

在信奥赛 CSP 备考过程中，每个学生的基础、学习进度和目标都不同，因此制订个性化的复习计划

是高效学习的关键。本节将详细介绍如何利用豆包 AI 平台进行自我评估、生成复习计划，并结合 AI 的智能分析，提高学习效率。

### 1. 评估自身水平（自测环节）

在制订个性化的学习计划之前，首先需要明确自己的当前水平。信奥赛的学习内容涉及编程基础、数据结构、算法等多个方面，因此准确评估自身的掌握情况可以帮助学生制定科学的学习路径。

豆包 AI 可以帮助生成测试题目，并对测试结果进行初步分析。可以使用提示词让 AI 为学生设计一套符合当前水平的测试题。

（1）自测题目生成提示词：

"请根据 CSP-J/S 考试的知识点，生成一份针对 [我的年级/我的水平，如'初学者'或'有一定基础'] 的自测题目，题目包括编程基础、数据结构、算法基础等内容，并提供答案。"

在获取题目后，可以尝试独立完成，并记录自己的正确率与解题时间。完成后，还可以让豆包 AI 对我们的错误题目进行解析，并提供改进建议。

（2）错题解析提示词：

"请帮我分析这道信奥赛题目的错误原因：[粘贴你的代码或解题思路]，并提供正确的解法和优化建议。"

### 2. 根据评估结果制订学习计划

完成自测后，学生可以根据测试结果制订详细的学习计划。一个合理的学习计划应该包括以下方面。

学习目标：明确短期和长期目标，例如"1 个月内掌握二分查找和动态规划的基本应用"。

时间安排：合理分配每天的学习时间，包括新知识学习、刷题训练和复习巩固。

学习内容：针对薄弱点进行重点突破，例如"巩固循环和递归""强化动态规划解题能力"。

阶段性测试：定期进行小测试，检验学习效果，并调整后续学习计划。

复习方式：结合 AI 智能复习，利用错题分析和题目讲解提高学习效果。

1）制订个性化学习计划

在制订学习计划时，可以让豆包 AI 结合学习时间、目标和当前水平，生成一份详细的复习方案。

复习计划生成提示词：

"请根据以下信息，帮我制订一个信奥赛 CSP 的备考计划。我的学习目标是：[如'1 个月内掌握基础数据结构']，我的当前水平是：[如'对 C++ 语法有基础，但算法不熟练']，我每天可以学习的时间是：[如'2 小时']。请制订详细的每日学习计划，包括学习内容、刷题安排、复习方式。"

豆包 AI 会根据学生的情况生成一份学习计划，通常会包含：

- 每天的学习任务（如学习贪心算法、做 5 道练习题）。
- 重点复习的知识点。
- 需要刷的题目类型。
- 每周总结复习的时间安排。

可以根据 AI 提供的计划进行个性化修改，使其更符合自身需求。

2）动态调整学习计划

在学习过程中，可能会遇到以下情况：某些知识点难度较大，学习进度比预期慢；发现新的知识盲点，需要调整学习重点；复习过程中，发现某些内容已经掌握较好，可以减少时间投入。

在这种情况下，可以让豆包 AI 帮助调整学习计划。

调整学习计划的提示词：

"我的学习进度比预期慢，特别是在 [某个知识点] 方面遇到了困难，请帮我调整学习计划，使其更加合理。"

或：

"我已经掌握了 [某个知识点]，请帮我调整学习计划，减少这部分内容的时间，并增加 [某个新知识点] 的学习时间。"

豆包 AI 会根据学生的反馈，重新生成更适合当前进度的学习方案。

### 3. 高效利用 AI 辅助学习

在制订学习计划后，学生可以利用豆包 AI 来提升学习效率：

智能答疑：遇到不懂的概念，直接向 AI 提问，获得详细解析。

代码优化：让 AI 检查代码，并给出优化建议，提高代码质量。

模拟考试：让 AI 生成一份 CSP 模拟试卷，并进行批改和讲解。

错题本管理：将错误的题目交给 AI 分析，整理出复习重点。

## 1.4 利用豆包 AI 提升学习效果

在信奥赛 CSP 的备考过程中，学习的效率至关重要。合理利用人工智能（AI）工具，如豆包 AI，能够帮助学生更快地掌握知识点，提高编程能力，并解决学习中的疑难问题。本节将介绍如何使用豆包 AI 提升信奥赛的学习效果，包括代码调试、算法解析和数据结构学习等方面。

### 1. 代码调试与优化

在信奥赛中，编程能力的培养是核心，而代码调试往往是初学者的瓶颈。代码运行错误、逻辑漏洞、时间复杂度过高等问题都是竞赛过程中常见的挑战。借助豆包 AI，学生可以更高效地进行代码调试、错误分析和优化。

1）发现代码错误

在编写代码时，可能会遇到编译错误、运行时错误或逻辑错误。例如，下面是一段可能出现错误的 C++ 代码。

```cpp
#include <iostream>
using namespace std;

int main() {
    int n;
    cout << "请输入一个整数：";
```

```
    cin >> n;
    for (int i = 1; i <= n; i++); {      // 这里的分号是错误的
        cout << i << " ";
    }
    return 0;
}
```

错误分析：

for 循环的末尾多了一个分号 (;)，导致循环体实际上是一个空语句，而 cout << i << " "; 这一行始终执行一次。

如何使用豆包 AI 进行代码调试？

学生可以向豆包 AI 输入以下提示词：

"请帮我检查以下 C++ 代码的错误，并给出修改建议。"
附上代码）

豆包 AI 会指出错误并给出修改建议，例如：

```
for (int i = 1; i <= n; i++) {      // 正确的写法
    cout << i << " ";
}
```

因此，使用豆包 AI，学生可以快速发现语法错误，避免因小失误浪费大量时间。AI 可以提供详细的错误解释，帮助理解错误的根本原因。

2）代码优化

代码的优化是提高程序运行效率的重要环节，尤其在面对大数据量输入时，时间复杂度的优化至关重要。

示例：未优化的素数筛法。学生的代码如下：

```cpp
#include <iostream>
using namespace std;

bool is_prime(int n) {
    if (n < 2) return false;
    for (int i = 2; i < n; i++) {
        if (n % i == 0) return false;
    }
    return true;
}

int main() {
    int n;
    cout << " 请输入一个整数：";
    cin >> n;
    if (is_prime(n))
        cout << n << " 是素数" << endl;
    else
        cout << n << " 不是素数" << endl;
    return 0;
}
```

问题分析：

该算法的时间复杂度是 $O(n)$，对于较大的 $n$（如 $10^6$），运行速度过慢。

如何让豆包 AI 优化代码？

可以使用以下提示词：

"请优化以下 C++ 代码，使其判断素数时运行更高效。"
（附上代码）

豆包 AI 可能会提供优化方案，如优化时间复杂度为 $O(\sqrt{n})$ 的方法：

```cpp
#include <iostream>
using namespace std;

bool is_prime(int n) {
    if (n < 2) return false;
    for (int i = 2; i * i <= n; i++) {   // 只检查到 sqrt(n)
        if (n % i == 0) return false;
    }
    return true;
}

int main() {
    int n;
    cout << "请输入一个整数：";
    cin >> n;
    if (is_prime(n))
        cout << n << " 是素数" << endl;
    else
        cout << n << " 不是素数" << endl;
    return 0;
}
```

## 2. 算法学习与题目解析

算法是信奥赛的核心内容，AI 可以帮助学生更好地理解复杂算法，并提供详细的解析。

对于一些较难理解的算法（如二分查找、动态规划、最短路径算法等），学生可以利用豆包 AI 进行解析。例如，学生可以输入：

"请用通俗易懂的语言解释二分查找算法，并用 C++ 代码示例。"

AI 可能会返回：二分查找算法解析

（1）二分查找是一种在有序数组中查找目标值的方法。

（2）它每次都将查找范围缩小一半，时间复杂度为 $O(\log n)$。

（3）C++ 实现：

```cpp
#include <iostream>
using namespace std;

int binarySearch(int arr[], int left, int right, int target) {
```

```cpp
    while (left <= right) {
        int mid = left + (right - left) / 2;
        if (arr[mid] == target) return mid;
        else if (arr[mid] < target) left = mid + 1;
        else right = mid - 1;
    }
    return -1;     // 没找到
}
int main() {
    int arr[] = {1, 3, 5, 7, 9, 11, 15};
    int n = sizeof(arr) / sizeof(arr[0]);
    int target;
    cout << "请输入要查找的数字：";
    cin >> target;
    int result = binarySearch(arr, 0, n - 1, target);
    if (result != -1)
        cout << "找到目标值，索引为 " << result << endl;
    else
        cout << "未找到目标值" << endl;
    return 0;
}
```

因此，通过豆包 AI，学生可以快速理解算法思想，并结合代码加深理解。同时，AI 可以提供不同层次的解析，帮助学生更容易吸收知识。

### 3. 数据结构学习

数据结构是信奥赛的重要组成部分，掌握好数据结构可以有效提升编程能力，提高解题效率。豆包 AI 可以帮助学生理解数据结构的基本概念、应用场景，并提供代码示例和练习题。本节将介绍如何利用豆包 AI 学习常见的数据结构，包括数组、链表、栈与队列、树和图。

1）让 AI 讲解数据结构概念

对于复杂的数据结构，学生可以向豆包 AI 提问。例如：

"请用简单易懂的方式解释链表，并提供 C++ 代码示例。"

AI 可能会返回：

链表（Linked List）的概念：链表是一种动态数据结构，每个元素（节点）包含数据和指向下一个节点的指针。

优势：相比数组，链表可以动态分配内存，插入删除操作更高效。

劣势：链表访问某个元素时，必须从头遍历，时间复杂度为 $O(n)$。

C++ 实现单链表：

```cpp
#include <iostream>
using namespace std;

struct Node {
    int data;
    Node* next;
```

```
        Node(int val) : data(val), next(nullptr) {}
};

                                                    // 在链表头部插入节点
Node* insertAtHead(Node* head, int val) {
    Node* newNode = new Node(val);
    newNode->next = head;
    return newNode;
}

                                                    // 打印链表
void printList(Node* head) {
    Node* temp = head;
    while (temp) {
        cout << temp->data << " -> ";
        temp = temp->next;
    }
    cout << "NULL" << endl;
}

int main() {
    Node* head = nullptr;
    head = insertAtHead(head, 10);
    head = insertAtHead(head, 20);
    head = insertAtHead(head, 30);

    cout << " 链表内容： ";
    printList(head);
    return 0;
}
```

因此，通过 AI 解析，学生可以更容易理解数据结构的基本概念。同时，代码示例可帮助学生动手实践，加深理解。

2）让 AI 生成数据结构练习题

豆包 AI 不仅可以讲解知识点，还能生成练习题，帮助学生巩固所学内容。

学生可以输入：

"请给我一道关于栈的练习题，并提供答案解析。"

AI 可能会返回：

练习题：使用栈检查括号匹配。

题目：给定一个包含括号 '()' '{}' '[]' 的字符串，请编写一个程序判断括号是否匹配。例如：

输入：'"{[()()]}"'，输出：** 匹配 **

输入：'"{[(])}"'，输出：** 不匹配 **

C++ 解法 **：

```
#include <iostream>
#include <stack>
using namespace std;
```

```cpp
bool isValid(string s) {
    stack<char> st;
    for (char c : s) {
        if (c == '(' || c == '{' || c == '[')
            st.push(c);
        else {
            if (st.empty()) return false;
            char top = st.top();
            if ((c == ')' && top == '(') ||
                (c == '}' && top == '{') ||
                (c == ']' && top == '[')) {
                st.pop();
            } else {
                return false;
            }
        }
    }
    return st.empty();
}

int main() {
    string s;
    cout << "请输入括号字符串: ";
    cin >> s;
    if (isValid(s))
        cout << "括号匹配正确" << endl;
    else
        cout << "括号不匹配" << endl;
    return 0;
}
```

该题目考查栈的后进先出（LIFO）特性。AI可以根据学生的需求生成不同难度的题目，帮助学生练习。

# 第2章　CSP-J选择题真题分析讲解

## 2.1　2024 年 CSP-J 第一轮选择题

1. 32 位 int 类型的存储范围是（　　）。
A. -2147483647 ～ +2147483647
B. -2147483647 ～ +2147483648
C. -2147483648 ～ +2147483647
D. -2147483648 ～ +2147483648

【考点识别】
2 C++ 程序设计 | 2.2 基本数据类型 |【1】整数型：int，long long

【分析讲解】
在 C++ 中，int 类型是 32 位系统上的一种基本数据类型，其存储范围由补码表示方式决定：
最小值为 $-2^{31}$，即 -2147483648。
最大值为 $2^{31}-1$，即 2147483647。
由于符号位的存在（最高位），32 位的 int 类型实际范围是 -2147483648 ～ 2147483647。

【参考答案】
C. -2147483648 ～ +2147483647

【编程魔法师讲解考点】
一、什么是 int 类型
int 是 C++ 中最常见的数据类型，用于表示整数。它在不同的平台可能有不同的长度，但在现代的主流系统中，int 通常是 32 位（4 字节）。

为什么范围是 -2147483648 ～ 2147483647？这是因为 int 类型使用的是补码来存储数字。以下是几个关键点：

（1）正数的表示范围：当符号位为 0 时，所有的数位都可以用来表示正数。例如：01111111 11111111 11111111 11111111 转换为十进制是 $2^{31}-1$ = 2147483647。

（2）负数的表示范围：当符号位为 1 时，负数是用补码表示的。例如：最小负数是 10000000 00000000 00000000 00000000，也就是 $-2^{31}$ = -2147483648。

二、为什么负数多一个
因为在补码表示方式下，0 只占用一个状态，所以负数可以比正数多表示一个。

三、平时用 int 要注意什么
1. 防止溢出
如果运算结果超过了 int 的范围，如 2147483647 + 1，计算机会发生溢出，结果会变成 -2147483648。

要解决这个问题，可以用更大的数据类型，如 long long。

**2. 选择合适的数据类型**

如果范围较小，可以用 short；如果范围特别大，如超过 20 亿的数，就要用 long long。

【题目总结】

这一题实际上考查了基本数据类型和补码表示法的基础知识，掌握这个知识点对于以后理解位运算和负数的计算都非常重要。只要记住，32 位的 int 范围就是：负的 $2^{31}$ 到正的 $2^{31}-1$。

2. 计算 $(14_8-1010_2) \times D_{16}-1101_2$ 的结果，下列选项中为计算结果十进制值的是（　　）。

A 13　　　　　　　B 14　　　　　　　C 15　　　　　　　D 16

【考点识别】

1 计算机基础与编程环境 |【6】进制的基本概念与进制转换

5 数学 | 5.1 数及其运算 |【2】数的进制：二进制、八进制、十六进制和十进制及其相互转换

【分析讲解】

题目要求计算一个表达式，核心是不同进制之间的转换和运算。下面分步分析讲解：

（1）分析讲解表达式中的每部分：

$14_8 = 1 \times 8^1 + 4 \times 8^0 = 12_{10}$。

$1010_2 = 1 \times 2^3 + 0 \times 2^2 + 1 \times 2^1 + 0 \times 2^0 = 10_{10}$。

$D_{16} = 13_{10}$。

$1101_2 = 13_{10}$。

（2）计算表达式：$(14_8-1010_2) \times D_{16}-1101_2 = 13_{10}$。

（3）最终答案：运算结果为 $13_{10}$。

【参考答案】

A. 13

【编程魔法师讲解考点】

**一、什么是进制**

十进制：我们日常用的计数系统，基于数字 0～9，每一位的权值是 $10^n$。

二进制：计算机的语言，只有 0 和 1，每一位的权值是 $2^n$。

八进制：用数字 0～7 表示，每一位的权值是 $8^n$。

十六进制：用数字 0～9 和字母 A～F（A=10，B=11，…，F=15）表示，每一位的权值是 $16^n$。

**二、进制转换**

二进制到十进制：每一位乘以 $2^n$，从右到左依次累加。例如：$1010_2=1 \times 2^3+0 \times 2^2+1 \times 2^1+0 \times 2^0=10_{10}$。

八进制到十进制：每一位乘以 $8^n$。例如：$14_8=1 \times 8^1+4 \times 8^0=12_{10}$。

十六进制到十进制：每一位乘以 $16^n$。例如：$D_{16}=13_{10}$（因为 D 表示十进制的 13）。

十进制到其他进制：不断用目标进制除以商，直到商为 0，然后将余数反向排列。例如：$13_{10}$ 转二进制：

13÷2=6 余 1，6÷2=3 余 0，3÷2=1 余 1，1÷2=0 余 1，

因此 $13_{10}=1101_2$。

### 三、常见运算陷阱

小心进制间的混淆：题目中往往混用多种进制（如二进制、八进制），需要逐一转换为十进制再进行运算。

注意权值：转换时按权值计算，别漏掉某位的贡献。

**【题目总结】**

这道题考查了进制转换和基本运算能力，要求学生对多种进制有熟练的掌握，特别是熟悉二进制、八进制和十六进制的转换方法。掌握这类知识，不仅对竞赛有帮助，也是理解计算机底层工作原理的必备技能！

3. 某公司有 10 名员工，分为 3 个部门：A 部门有 4 名员工，B 部门有 3 名员工，C 部门有 3 名员工。现需要从这 10 名员工中选出 4 名组成一个工作小组，且每个部门至少要有 1 人，共有选择方式（　　）。

A. 120 种　　　　B. 126 种　　　　C. 132 种　　　　D. 238 种

**【考点识别】**

5 数学 | 5.4 组合数学 |【1】加法原理、【2】乘法原理、【4】组合及计算公式

**【分析讲解】**

题目要求从 10 名员工中选出 4 名组成一个工作小组，并且每个部门至少有 1 人。可以分步骤解题：

1) 部门分配方案

为了保证每个部门至少有 1 人，可以按照以下方案分配人数：

A 部门 2 人，B 部门 1 人，C 部门 1 人；

A 部门 1 人，B 部门 2 人，C 部门 1 人；

A 部门 1 人，B 部门 1 人，C 部门 2 人。

2) 计算每种分配方案下的组合数

对每种分配方案，计算从对应部门中选人的方案数。

方案 1：A 部门 2 人，B 部门 1 人，C 部门 1 人。

从 A 部门的 4 人中选 2 人：$C_4^2=6$；

从 B 部门的 3 人中选 1 人：$C_3^1 = 3$；

从 C 部门的 3 人中选 1 人：$C_3^1 = 3$。

总方案数：$6 \times 3 \times 3 = 54$。

方案 2：A 部门 1 人，B 部门 2 人，C 部门 1 人。

从 A 部门的 4 人中选 1 人：$C_4^1 = 4$；

从 B 部门的 3 人中选 2 人：$C_3^2 = 3$；

从 C 部门的 3 人中选 1 人：$C_3^1 = 3$。

总方案数：$4 \times 3 \times 3 = 36$

方案 3：A 部门 1 人，B 部门 1 人，C 部门 2 人。

从 A 部门的 4 人中选 1 人：$C_4^1 = 4$；

从 B 部门的 3 人中选 1 人：$C_3^1 = 3$；

从 C 部门的 3 人中选 2 人：$C_3^2 = 3$。

总方案数：4 × 3 × 3 = 36

3）汇总总方案数

汇总总方案数：54 + 36 + 36 = 126。

【参考答案】

B. 126 种

【编程魔法师讲解考点】

一、加法原理

加法原理描述的是这样一种情况：如果完成一件事情有若干种不同的独立方式（如方法 A、方法 B、方法 C 等），那么可以通过加法计算总的可能性数目。

举例：

假如你有 3 件上衣（红、蓝、绿）和 2 条裤子（黑、白），想知道选一件上衣或一条裤子的选择数目是多少。

按照加法原理：3 + 2 = 5。

二、乘法原理

乘法原理描述的是这样一种情况：如果完成一件事情需要由多个步骤共同完成（如步骤 A 和步骤 B），每个步骤的选择互相独立，那么可以通过乘法计算总的可能性数目。

举例：

假如你要穿一套衣服，每套包括一件上衣和一条裤子。你有 3 件上衣（红、蓝、绿）和 2 条裤子（黑、白），那么总的搭配方式为 3 × 2 = 6。

三、组合计算公式

组合公式是解决"从 $n$ 个元素中选出 $k$ 个元素"的问题，公式为 $C_n^k = \dfrac{n!}{k!(n-k)!}$

其中：$n!$ 表示 $n$ 的阶乘，$k!$ 和 $(n-k)!$ 分别是 $k$ 和 $(n-k)$ 的阶乘。

【题目总结】

本题结合了加法原理和乘法原理来分配部门人数，同时运用了组合公式来计算具体的选人方案。

4. 以下序列中对应数字 0～7 的 4 位二进制格雷码（Gray Code）的是（　　）。

A. 0000, 0001, 0011, 0010, 0110, 0111, 0101, 1000

B. 0000, 0001, 0011, 0010, 0110, 0111, 0100, 0101

C. 0000, 0001, 0011, 0010, 0100, 0101, 0111, 0110

D. 0000, 0001, 0011, 0010, 0110, 0111, 0101, 0100

【考点识别】

5 数学 | 5.3 初等数论 |【3】编码：ASCII 码、哈夫曼编码、格雷码、格雷码生成规则

【分析讲解】

格雷码（Gray Code）的特点是：相邻两个数的二进制表示只有 1 位不同，也叫作最小汉明距离码。

生成 $n$ 位格雷码的规则是：

（1）先从 1 位格雷码（1bit Gray Code）0, 1 开始。

（2）每增加一位，将当前序列倒序复制，然后在复制部分的高位加 1，前部分的高位加 0：

2 位格雷码：00, 01, 11, 10；

3 位格雷码：000, 001, 011, 010, 110, 111, 101, 100；

4 位格雷码：0000, 0001, 0011, 0010, 0110, 0111, 0101, 0100。

通过上述规则，4 位格雷码生成的正确顺序为 0000, 0001, 0011, 0010, 0110, 0111, 0101, 0100。

**【参考答案】**

D. 0000, 0001, 0011, 0010, 0110, 0111, 0101, 0100

**【编程魔法师讲解考点】**

### 一、什么是格雷码

格雷码（Gray Code）是一种特殊的二进制编码，主要特点是：

（1）相邻的两个数，其二进制表示中只有 1 位不同。

（2）格雷码被广泛应用于数字系统。例如，在机械旋转编码器和数字通信中，格雷码能有效减少信号噪声的影响。

### 二、格雷码的生成规则

格雷码的生成非常规律，可以采用递归扩展的方法：

（1）从 1 位格雷码开始：G(1) = [0, 1]。

（2）增加位数：当前格雷码序列保留（作为高位 0 的部分）；当前格雷码序列倒序（作为高位 1 的部分）；合并两部分，得到新的格雷码。

例如：

（1）1 位格雷码：G(1) = [0, 1]。

（2）2 位格雷码：在 G(1) 基础上，高位加 0：[00, 01]；高位加 1：[11, 10]（倒序）；合并：[00, 01, 11, 10]。

（3）3 位格雷码：在 G(2) 基础上，高位加 0：[000, 001, 011, 010]；高位加 1：[110, 111, 101, 100]（倒序）；合并：[000, 001, 011, 010, 110, 111, 101, 100]。

### 三、格雷码的快速计算方法

给定一个二进制数，快速计算对应的格雷码的方法是：

（1）将二进制数的高位保持不变。

（2）从高到低，依次对相邻两位进行异或（XOR）运算，得到格雷码的对应位。

公式：$G_i = B_i \oplus B_{i+1}$。其中，$B_i$ 是原二进制数的第 $i$ 位，$\oplus$ 表示异或运算。

例如：二进制数 1011，计算对应的格雷码：

高位保留：1

$1 \oplus 0 = 1$

$0 \oplus 1 = 1$

$1 \oplus 1 = 0$

格雷码为：1110。

**【题目总结】**

本题通过考查 4 位格雷码的生成与排列，旨在测试选手对格雷码特点与生成规则的理解。掌握了递归生成法和快速计算法后，解决类似问题将变得更加简单。

5. 记 1KB 为 1024B（byte，字节），1MB 为 1024KB，那么 1MB 为二进制的（　　）。
A. 1000000bit　　　　B. 1048576bit　　　　C. 8000000bit　　　　D. 8388608bit

【考点识别】
1 计算机基础与编程环境 |【6】进制的基本概念与进制转换、字节与字

【分析讲解】
题目要求计算 1MB 的二进制位数。
（1）基本单位换算：
1KB = 1024B。1MB = 1024KB。
因此，1MB = 1024 × 1024B = 1048576B。
（2）字节与位的关系：
1 字节（B）= 8 位（bit）。
因此，1MB 的二进制位数为 1048576 × 8 = 8388608。

【参考答案】
D. 8388608bit

【编程魔法师讲解考点】
一、进制与字节基础知识
字节与位：
（1）1 字节 = 8 位。
（2）位（bit）是计算机中最小的信息单位，用于表示 0 或 1。
（3）字节（byte）是计算机存储数据的基本单位，1 字节可以存储一个字符，比如一个英文字母。

二、存储单位的换算
（1）1KB（千字节）= 1024B。
（2）1MB（兆字节）= 1024KB。
（3）1GB（吉字节）= 1024MB。
注意：实际存储中有时使用 1000 而不是 1024 来简化计算，但竞赛中要求精确值。

三、易错点分析
错误点 1：以 1000 为换算基准。这是很多人在生活中习惯的值，但竞赛题目通常采用更精确的 1024。
错误点 2：混淆了字节和位的概念，直接用字节数回答问题。

【题目总结】
在信奥赛中，关于存储单位的换算、进制转换是常考点。掌握这些基础知识有助于快速准确解答此类题目。此外，需注意单位的精确度（如 1024 的倍数），避免粗心造成失误。

6. 以下不是 C++ 中基本数据类型的是（　　）。
A. int　　　　　　B. float　　　　　　C. struct　　　　　　D. char

【考点识别】
2 C++ 程序设计 |2.2 基本数据类型 |【1】整数型（int、long long）、【2】实数型（float、double）、【3】字符型（char）、【4】布尔型（bool）

【分析讲解】
本题考查的是 C++ 中的基本数据类型。参赛者需要判断选项中哪个不是 C++ 的基本数据类型。
（1）C++ 的基本数据类型分类：
整数类型：如 int, long, short 等。
浮点类型：如 float, double。
字符类型：如 char。
布尔类型：如 bool。
（2）struct 的性质：
struct 是 C++ 中的用户自定义复合数据类型，可以由用户定义的变量集合组成。
它不是 C++ 的基本数据类型，而是属于复合类型。
（3）选项分析：
A. int：基本数据类型，正确。
B. float：基本数据类型，正确。
C. struct：不是基本数据类型，而是复合类型，符合题意。
D. char：基本数据类型，正确。

【参考答案】
C. struct

【编程魔法师讲解考点】
一、基本数据类型
C++ 的基本数据类型是程序设计中最常用的类型，用于定义简单的变量，主要包括：
1. 整数类型
（1）int：表示整数，如 1, -5, 0。
（2）long, short：用于扩展或缩小整数的范围。
2. 浮点类型
（1）float：表示单精度浮点数，用于存储小数。
（2）double：表示双精度浮点数，精度高于 float。
3. 字符类型
char：用于存储单个字符，如 'A', '9'，实际上是一个整数值。
4. 布尔类型
bool：表示布尔值，只有 true 和 false 两个值。
二、复合数据类型
复合类型不是 C++ 的基本数据类型，而是由用户或系统定义的更复杂的类型。例如：
（1）struct（结构体）：一种自定义的复合数据类型，由多个变量组成。

```
struct Person {
    int age;
    float height;
};
```

（2）class（类）：C++ 的核心，用于面向对象编程。

### 三、易错点

基本数据类型与复合类型的区分：

struct 虽然是 C++ 的重要类型，但它是复合类型，不是基本数据类型。

基本数据类型是固定的，而复合类型（如 struct、class）是用户自定义的。

【题目总结】

在 C++ 编程中，掌握基本数据类型（如 int、float、char）的使用是基础，而区分用户定义类型（如 struct）与基本类型同样重要。这种区分在竞赛中常出现，一定要注意题目用语的细微差别。

7. 以下不是 C++ 中循环语句的是（　　）。

A. for　　　　B. while　　　C. do-while　　　D. repeat-until

【考点识别】

2 C++ 程序设计 |2.3 程序基本语句|【3】for 语句、while 语句、do-while 语句

【分析讲解】

题目要求判断哪个不是 C++ 中的循环语句。

1. C++ 中的循环语句

（1）for 循环：用于执行固定次数的循环操作。

```
for (int i = 0; i < 10; i++) {
    // 执行代码
}
```

（2）while 循环：当条件满足时执行代码块，先判断条件。

```
while (condition) {
    // 执行代码
}
```

（3）do-while 循环：与 while 类似，但至少会执行一次代码块。

```
do {
    // 执行代码
} while (condition);
```

2. repeat-until

repeat-until 是某些其他编程语言（如 Pascal）中使用的循环语句，但在 C++ 中并不存在。

【参考答案】

D. repeat-until

【编程魔法师讲解考点】

### 一、C++ 中的循环语句

C++ 提供了三种基本循环结构，每种都有特定的适用场景。

（1）for 循环：用于确定执行次数的循环，常见于计数循环。

语法结构：

```
for (初始化；条件；递增/递减) {
```

```
    // 循环体
}
```

示例：

```
for (int i = 0; i < 5; i++) {
    cout << i << " ";
}
```

输出：0 1 2 3 4

（2）while 循环：适用于条件控制循环，在循环开始时先判断条件是否成立。

语法结构：

```
while（条件）{
    // 循环体
}
```

示例：

```
int i = 0;
while (i < 3) {
    cout << i << " ";
    i++;
}
```

输出：0 1 2

（3）do-while 循环：至少执行一次循环体代码，之后再判断条件是否满足。

语法结构：

```
do {
    // 循环体
} while（条件）;
```

示例：

```
int i = 0;
do {
    cout << i << " ";
    i++;
} while (i < 2);
```

输出：0 1

## 二、易错点

do-while 和 repeat-until 的区别：

do-while 在 C++ 中存在，条件用 while 表示。

repeat-until 不存在于 C++，但功能与 do-while 类似。

【题目总结】

C++ 的三种循环语句各有适用场景，掌握它们的用法以及关键差异至关重要。特别是区分 C++ 和其他语言的语法（如 repeat-until）是竞赛题目中的常见陷阱。

8. 下列中与 C/C++ 中 (char)('a' + 13) 的值相等的中（　　）。
A. m　　　　　B. n　　　　　C. z　　　　　D. 3

**【考点识别】**
2 C++ 程序设计 |2.2 基本数据类型 |【3】字符型（char）

**【分析讲解】**
本题考查 C/C++ 中的字符类型 char 的处理和 ASCII 码的运算规则。
（1）字符与 ASCII 码的关系：
在 C/C++ 中，字符类型 char 实际上是一个整数类型，每个字符对应一个 ASCII 码。例如：
'a' 的 ASCII 码值是 97。
'b' 的 ASCII 码值是 98。
'n' 的 ASCII 码值是 110。
（2）表达式分析讲解：(char)('a' + 13)：
首先，'a' 的 ASCII 码值为 97。
计算 97 + 13 = 110。
将结果 110 转换为对应的字符。
根据 ASCII 码表，110 对应的字符是 'n'。

**【参考答案】**
B. n

**【编程魔法师讲解考点】**

**一、字符类型 char**

在 C/C++ 中，char 是用于存储单个字符的基本数据类型。
每个字符实际上是一个整数，使用 ASCII 码表示。例如：
'a' 的 ASCII 码值是 97。
'A' 的 ASCII 码值是 65。
'0' 的 ASCII 码值是 48。

**二、字符运算**

字符可以参与整数运算。在表达式中，字符会自动转为对应的 ASCII 码值进行计算。
运算结果仍是一个整数，若需要将其转换为字符，必须显式地使用 (char) 强制类型转换。

```
char c1 = 'a';              // ASCII 码值为 97
char c2 = c1 + 1;           // 97 + 1 = 98，对应字符为 'b'
char c3 = (char)(c1 + 5);   // 97 + 5 = 102，对应字符为 'f'
```

**【题目总结】**
在 C/C++ 编程中，字符与 ASCII 码值之间的关系非常重要，特别是在处理字符运算和编码转换时。掌握这一特性可以帮助你更高效地解决涉及字符操作的题目。

9. 假设有序表中有 1000 个元素，则用二分法查找元素 x 最多需要比较次数是（　　）。
A. 25　　　　　B. 10　　　　　C. 7　　　　　D. 1

【考点识别】

4 算法 | 4.3 基础算法 | 【4】二分法

【分析讲解】

二分法是一种在有序表中快速查找目标元素的算法。核心思想是每次比较后，将搜索范围缩小一半，直到找到目标元素或搜索范围为空。

二分法的比较次数公式：二分查找的最大比较次数 = $\lceil \log_2 n \rceil$，其中 $n$ 是数据元素个数。$\lceil x \rceil$ 表示向上取整。

有序表中有 $n = 1000$ 个元素，$\lceil \log_2 1000 \rceil \approx 9.97$，向上取整，结果是 10。

因此，用二分法查找 1000 个元素的有序表，最多需要比较 10 次。

【参考答案】

B. 10

【编程魔法师讲解考点】

一、二分查找的基本思想

（1）二分查找是一种在有序数组中快速查找元素的方法；

（2）每次比较时，将目标元素与当前范围的中间元素进行比较，根据结果选择搜索范围的一半，直到找到目标元素或范围为空。

二、二分查找的时间复杂度

（1）每次比较后，搜索范围减半，假设初始范围大小为 $n$，则最多需要进行 $\lceil \log_2 n \rceil$ 次比较。

（2）时间复杂度为 $O(\log n)$，适用于大规模数据的快速查找。

三、易错点

（1）最大比较次数是 $\lceil \log_2 n \rceil$，要注意向上取整。

（2）有时会因粗心将范围缩小次数误认为比较次数。

【题目总结】

二分查找算法是一种典型的对数级别时间复杂度的算法，理解其公式 $\lceil \log_2 n \rceil$ 对编程竞赛有重要意义。掌握算法的思想、时间复杂度，以及与顺序查找的对比可以帮助你在类似问题中快速判断。

10. 下列中不是操作系统名称的是（    ）。

A. Notepad　　　　B. Linux　　　　C. Windows　　　　D. macOS

【考点识别】

1 计算机基础与编程环境 | 1.2 Windows、Linux 等操作系统的基本概念及其常见操作

【分析讲解】

本题要求判断选项中哪个不是操作系统的名称。

1. 操作系统的定义

（1）操作系统（Operating System, OS）是计算机系统的核心软件，用于管理硬件和软件资源，并为用户提供界面和服务。

（2）常见的操作系统包括 Windows、Linux、macOS 等。

2. 选项分析

A. Notepad：Windows 系统中的文本编辑器，而不是操作系统。
B. Linux：一种开源的操作系统，是 UNIX 的一个分支。
C. Windows：微软公司开发的一种被广泛使用的操作系统。
D. macOS：苹果公司开发的操作系统，专用于苹果计算机。

【参考答案】

A. Notepad

【编程魔法师讲解考点】

一、什么是操作系统

操作系统（Operating System, OS）是计算机系统中最重要的软件，用于管理计算机硬件资源和提供基础服务。操作系统具有以下主要功能。

（1）资源管理：如 CPU、内存、磁盘、I/O 设备等。
（2）任务管理：负责任务调度、多任务处理。
（3）用户交互：提供图形界面或命令行接口。

二、常见操作系统名称

（1）Windows：微软公司开发的操作系统，版本包括 Windows XP、7、10、11 等。
（2）Linux：开源的 UNIX 类操作系统，具有多个发行版，如 Ubuntu、CentOS、Debian。
（3）macOS：苹果公司开发的操作系统，专用于苹果设备。
（4）其他操作系统：经典的多用户、多任务操作系统 UNIX；基于 Linux 内核，广泛应用于移动设备的 Android。

三、区分操作系统和应用软件

（1）操作系统 是管理硬件和软件资源的平台，如 Windows、Linux、macOS。
（2）应用软件是安装在操作系统之上的程序，提供具体功能，如 Notepad、Microsoft Word、Photoshop。

【题目总结】

掌握操作系统的基本定义和常见名称是信奥赛的基础知识。

11. 在无向图中，所有顶点的度数之和等于（　　）。

A. 图的边数　　　　B. 图的边数的 2 倍　　　　C. 图的顶点数　　　　D. 图的顶点数的 2 倍

【考点识别】

3 图论 |3.1 图的基本概念 |【2】图的度数与边数的关系

【分析讲解】

在无向图中，度数表示一个顶点连接的边的条数。

1. 关键公式

所有顶点的度数之和 = 边数的 2 倍。

因为在无向图中，每条边都连接两个顶点，会被两个顶点各计算一次，因此总度数是边数的 2 倍。

2. 证明

设无向图 $G$ 有 $n$ 个顶点和 $m$ 条边，每条边会增加两个顶点的度数，因此所有顶点度数之和为 $2m$。

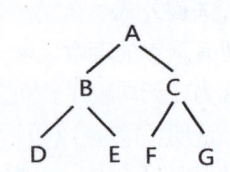

【参考答案】
B. 图的边数的 2 倍
【编程魔法师讲解考点】
一、图的基本定义
（1）无向图是一种由顶点和无方向边组成的图，每条边连接两个顶点。
（2）顶点的度数是与该顶点直接相连的边的数量。
二、度数与边数的关系
（1）核心公式：在无向图中，所有顶点的度数之和等于边数的 2 倍：总度数 = 2 × 边数。
（2）原因：每条边连接两个顶点，分别增加这两个顶点的度数各 1，因此每条边被计算了两次。
三、易错点
（1）误解为顶点数：顶点的度数与顶点的总数无直接关系。
（2）忽略 2 倍关系：边数需乘以 2 才等于总度数。
【题目总结】
掌握无向图中顶点度数与边数的关系是图论的基础知识，务必记住：所有顶点的度数之和 = 2 × 边数。

12. 已知二叉树的前序遍历为 [A, B, D, E, C, F, G]，中序遍历为 [D, B, E, A, F, C, G]，该二叉树的后序遍历结果是（　　）。

A. [D, E, B, F, G, C, A]　　B. [D, E, B, F, G, A, C]　　C. [D, B, E, F, G, C, A]　　D. [D, B, E, F, G, A, C]

【考点识别】
3 图论 |3.4 树 |【3】二叉树的遍历（前序、中序、后序遍历）
【分析讲解】
本题涉及二叉树的前序、中序和后序遍历的关系。根据前序和中序遍历，我们可以重建二叉树，再根据重建的树求出后序遍历。

1. 二叉树的前序、中序和后序遍历
前序遍历：根节点 → 左子树 → 右子树；
中序遍历：左子树 → 根节点 → 右子树；
后序遍历：左子树 → 右子树 → 根节点。

2. 构造过程
（1）前序遍历的第一个节点为根节点 A。
（2）在中序遍历中，找到根节点 A，其左侧为左子树的节点，右侧为右子树的节点：
左子树中序遍历为 [D, B, E]；右子树中序遍历为 [F, C, G]。
（3）从前序遍历中提取左、右子树的节点：
左子树前序遍历为 [B, D, E]；右子树前序遍历为 [C, F, G]。
（4）递归构造子树。
左子树：
前序遍历为 [B,D,E]；
中序遍历为 [D,B,E]。

根节点为 B，左子树为 D，右子树为 E。
右子树：
前序遍历为 [C,F,G]；
中序遍历为 [F,C,G]。
根节点为 C，左子树为 F，右子树为 G。
3. 后序遍历结果
整棵树的后序遍历为 [D, E, B, F, G, C, A]。
【参考答案】
A. [D, E, B, F, G, C, A]
【编程魔法师讲解考点】
一、二叉树的三种遍历方式
（1）前序遍历：遍历顺序为根节点 → 左子树 → 右子树。常用于表达树的结构，根节点在最前。
（2）中序遍历：遍历顺序为左子树 → 根节点 → 右子树。可以用来确定子树的边界。
（3）后序遍历：遍历顺序为左子树 → 右子树 → 根节点。常用于构造树的后序表达形式。
二、如何根据前序和中序遍历构造二叉树
已知前序和中序遍历，可以按照以下步骤重建二叉树。
（1）确定根节点：前序遍历的第一个元素即为根节点。
（2）划分左右子树：在中序遍历中找到根节点的位置，左侧为左子树的节点，右侧为右子树的节点。
（3）递归处理子树：按照划分的子树区域，对前序和中序遍历递归处理，直至所有子树构造完成。
三、易错点
（1）中序和前序的子树划分顺序：中序遍历是按左右子树分割的关键，顺序反映了树的结构。
（2）后序遍历的顺序规则：后序访问顺序必须严格按照"左 → 右 → 根"的顺序，容易混淆。
【题目总结】
本题通过结合前序和中序遍历，推导出后序遍历结果，考查了对遍历规则和递归的理解。

13. 给定一个空栈，支持入栈和出栈操作。若入栈操作的元素依次是１２３４５６，其中１最先入栈，６最后入栈，下列中出栈顺序为不可能的是（　　）。

A. ６５４３２１　　　B. １６５４３２　　　C. ２４６５３１　　　D. １３５２４６

【考点识别】
数据结构 | 3.1 线性表 |【2】栈
【分析讲解】
栈是一种先进后出的数据结构。对于一个空栈，元素依次入栈的顺序是 1, 2, 3, 4, 5, 6，栈的操作过程需要遵循以下规则：
（1）入栈顺序固定：从 1 到 6，按顺序入栈。
（2）出栈顺序：只能从栈顶依次出栈，无法跳跃或跨越。
分别验证选项中的出栈顺序是否合法：
A. ６５４３２１：按照栈的特性，这种出栈顺序完全符合先进后出的规则，合法。

27

B. 1 6 5 4 3 2：1 出栈后，栈中剩余元素为 2, 3, 4, 5, 6。但是按照栈的特性，6 需要等待前面的元素出栈后才能出栈。因此，这种顺序不可能实现。

C. 2 4 6 5 3 1：按照入栈和出栈规则，2 可以出栈，然后依次操作可以实现剩下的顺序，因此是合法的。

D. 1 3 5 2 4 6：按照入栈顺序，1 出栈后，2 必须出栈才能将 3 出栈。因此，这种顺序不可能实现。

【参考答案】
B. 1 6 5 4 3 2

【编程魔法师讲解考点】
一、栈的定义与基本操作
栈是一种先进后出（First In Last Out, FILO）的数据结构，其核心操作如下。
（1）入栈（Push）：将元素压入栈顶。
（2）出栈（Pop）：将栈顶的元素弹出。
（3）栈顶（Top）：获取当前栈顶元素，但不弹出。

二、栈的操作特点
（1）先进后出：最先入栈的元素需要等待后续元素弹出后，才能出栈。
（2）受限的访问模式：只能操作栈顶，无法直接访问栈底或中间的元素。

三、例子：验证合法的出栈序列
假设有一个栈，入栈序列为 1, 2, 3, 4, 5。以下是几种可能的出栈序列验证。
（1）合法序列。例如 5, 4, 3, 2, 1：完全按照先进后出的规则。又如 1, 2, 3, 5, 4：可以在 1, 2, 3 入栈后，直接将 5 和 4 出栈。
（2）非法序列。例如 1, 3, 2, 4, 5：当 1 出栈后，3 必须等待 2 出栈才能弹出，因此无法实现。

【题目总结】
本题考查对栈的基本操作和其特性（先进后出）的理解，属于常见的栈模拟问题。解决此类题目的关键在于：
（1）模拟栈的操作，按照顺序入栈和出栈。
（2）判断出栈顺序是否符合栈的特性。
若理解了以上内容，类似问题都能轻松解决！

14. 有 5 个男生和 3 个女生站成一排，规定 3 个女生必须相邻，问有多少种不同的排列方式。
A. 4320 种　　　　　B. 5040 种　　　　　C. 3600 种　　　　　D. 2880 种

【考点识别】
5 数学 | 5.4 组合数学 |【3】排列及计算公式

【分析讲解】
本题要求 5 个男生和 3 个女生排成一排，其中 3 个女生必须相邻。
解题思路：
（1）将女生看作一个整体：因为 3 个女生必须相邻，可以将她们看作一个整体，相当于有一个"超级组"。此时，总共的单位是 5（男生）个 + 1（女生组）个 = 6 个。
（2）排列所有单位：6 个单位的全排列为 6! = 720 种。

（3）女生组内的排列：3 个女生在组内可以自由排列，排列数为 3! = 6 种。
（4）总排列数：将以上两部分相乘得到的总排列数为 6! × 3! = 720 × 6 = 4320 种。
【参考答案】
A. 4320 种
【编程魔法师讲解考点】
一、排列的基础知识
（1）定义：从 $n$ 个元素中取出 $r$ 个进行排列，顺序不同算作不同的排列。
（2）公式：排列数记作 $P(n, r)$，其计算公式为
$P(n, r) = n × (n-1) × (n-2) × \cdots × (n-r+1)$，
简化为 $P(n, r) = \dfrac{n!}{(n-r)!}$。

二、限制条件下的排列
在一些排列问题中，元素需要满足某些限制条件（如必须相邻），这时需要灵活应用排列公式。
（1）相邻问题：如果若干元素必须相邻，可以将它们看作一个"整体"来处理，然后再考虑"整体"内部的排列方式。
（2）非相邻问题：如果若干元素必须不相邻，则需要分步骤排列，并计算非相邻的排列数，通常需要借助间隔法或排除法。
【题目总结】
解决排列问题的关键在于：
（1）根据题目条件，将复杂问题转化为基本排列模型。
（2）应用排列公式，分步计算。

15. 编译器的主要作用是（　　）。

A. 直接执行源代码　　　　　　B. 将源代码转换为机器代码
C. 进行代码调试　　　　　　　D. 管理程序运行时的内存

【考点识别】
1 计算机基础与编程环境 |【7】程序设计语言以及程序编译和运行的基本概念
【分析讲解】
1. 编译器及其主要作用
编译器是计算机中用于将程序员用高级编程语言（如 C++、Python）编写的源代码，转换为计算机可以直接执行的机器语言代码的工具。它的主要作用包括：
（1）语法分析：检查源代码的语法是否正确。
（2）代码转换：将源代码翻译为机器代码或中间代码。
（3）优化代码：在编译过程中对代码进行优化，提高执行效率。
（4）生成可执行程序：最终生成机器代码（通常是二进制形式），供计算机执行。
2. 选项分析
A. 直接执行源代码：错误。直接执行源代码通常由解释器完成，而不是编译器。编译器的作用是将源代码翻译为机器代码，无法直接执行源代码。

B. 将源代码转换为机器代码：正确。这是编译器的核心功能，将高级语言翻译成计算机可以理解的机器语言。

C. 进行代码调试：错误。代码调试通常由调试器（debugger）完成，与编译器无关。

D. 管理程序运行时的内存：错误。程序运行时的内存管理通常由操作系统和运行时环境负责，而非编译器。

【参考答案】

B. 将源代码转换为机器代码

【编程魔法师讲解考点】

一、编译器的基本概念

编译器是计算机系统中必不可少的工具，用于将程序员用高级语言编写的源代码翻译为计算机能够理解的机器语言代码。以下是关于编译器的基本知识点。

1. 编译器的核心作用

（1）翻译功能：将源代码（如 C++、Java）转换为目标代码（如机器码或字节码）。

（2）语法检查：检查源代码是否符合编程语言的语法规则。

（3）优化代码：对生成的目标代码进行优化，提高运行效率。

（4）生成可执行文件：最终输出供计算机直接运行的二进制程序（如 .exe 文件）。

2. 编译器与解释器的区别

| 特 性 | 编 译 器 | 解 释 器 |
| --- | --- | --- |
| 处理方式 | 将整个源代码一次性翻译为机器代码 | 按行翻译源代码并执行 |
| 运行速度 | 运行速度快（翻译后直接运行） | 运行速度较慢（逐行翻译消耗时间） |
| 典型语言 | C、C++ | Python、JavaScript |

3. 编译的过程

编译过程分为以下几个步骤：

（1）词法分析：将代码拆分为基本单元，如关键词、变量名、运算符等。

（2）语法分析：检查代码结构是否符合语言的语法规则。

（3）语义分析：验证代码逻辑的正确性，例如变量是否已声明。

（4）代码生成：将源代码翻译为目标代码（机器语言）。

（5）优化代码：减少不必要的运算，提高运行效率。

【题目总结】

通过本题可以掌握编译器的基本作用以及其在计算机系统中的重要性，同时要理解编译器与解释器的区别。

## 2.2 2023 年 CSP-J 第一轮选择题

1. 在 C++ 中，下列关键字中用于声明一个变量，其值不能被修改的是（　　）。

A. unsigned　　　　B. const　　　　C. static　　　　D. mutable

**【考点识别】**

2 C++ 程序设计 | 2.1 程序基本概念 |【1】标识符、关键字、常量、变量、表达式的概念、【2】常量与变量的命名、定义及作用

**【分析讲解】**

题目询问的是在 C++ 中哪个关键字用于声明一个变量，并且该变量的值不能被修改。下面逐一分析选项：

A. Unsigned：unsigned 是一个类型修饰符，表示变量是无符号类型，如 unsigned int。它与变量是否可修改无关，因此不是答案。

B. const：const 关键字用于声明常量。使用 const 声明的变量在初始化后不能再被修改。例如：

```
const int x = 10;
x = 20;                          // 错误，x 的值不可修改
```

所以，这是正确答案。

C. static：static 是一个存储类别修饰符，用于改变变量的存储方式和生命周期。它与变量是否可修改无关。

D. mutable：mutable 修饰符允许即使在 const 对象中，也可以修改被 mutable 修饰的成员变量。例如：

```
struct Test {
    mutable int x;
};
const Test obj{10};
obj.x = 20;                      // 合法，mutable 允许修改
```

因此，这也不是答案。

**【参考答案】**

B. const

**【编程魔法师讲解考点】**

### 一、const 是什么

在 C++ 中，const 是一个关键字，用于声明常量。声明为 const 的变量，其值在初始化后就不能被修改。它是一种保证变量不可变的机制，在程序中提供了一种保护手段，防止意外更改数据。

### 二、const 基本语法

1. 声明常量

```
const int a = 10;
a = 20;                          // 错误：const 修饰的变量不可被修改
```

2. 指针与 const

```
const int *p;                    // 指向常量的指针，不能通过指针修改值
int *const p;                    // 常量指针，指针本身不可变
const int *const p;              // 指向常量的常量指针
```

### 三、const 的应用场景

1. 函数参数

在函数参数前加 const，可以防止函数内部修改参数的值。例如：

```
void print(const int x) {
    // x 不能被修改
}
```

2. 常量成员函数

声明为 const 的类成员函数不能修改类中的任何成员变量（除非被 mutable 修饰）。例如：

```
class Test {
    int x;
public:
    void func() const {
        // 不能修改 x
    }
};
```

【题目总结】

本题通过考查 C++ 中关键字的功能，重点引导对 const 的理解。这一关键字在程序的安全性和逻辑性方面起到了非常重要的作用。

2. 八进制数 $(12345670)_8$ 和 $(07654321)_8$ 的和为（　　）。

A. $(22222221)_8$    B. $(21111111)_8$    C. $(22111111)_8$    D. $(22222211)_8$

【考点识别】

5 数学 | 5.1 数及其运算 |【2】数的进制：二进制、八进制、十六进制和十进制及其相互转换

【分析讲解】

本题要求计算两个八进制数的和。为此，需要将八进制数转换为十进制，进行加法运算后，再将结果转换回八进制。

解题步骤：

要计算八进制数 $(12345670)_8$ 和 $(07654321)_8$ 的和，我们可以按照以下步骤进行计算：

第一步：对齐两个八进制数

为了方便计算，我们将两个八进制数对齐，并在前面补零，使它们的位数相同：

$$12345670$$
$$+07654321$$

第二步：逐位相加，并从右到左计算

我们从最右边的一位开始，逐位相加。如果相加的结果大于或等于 8，则需要向高位进位。

$$1\ 2\ 3\ 4\ 5\ 6\ 7\ 0$$
$$+0\ 7\ 6\ 5\ 4\ 3\ 2\ 1$$

逐位计算：

1. 第 1 位（从右到左）：$0 + 1 = 1$
   结果：1，不进位。
2. 第 2 位：$7 + 2 = 9$
   $9 \geq 8$，所以写 1，并向高位进 1。
3. 第 3 位：$6 + 3 = 9$，加上进位的 1，总和为 10

10 ≥ 8，所以写 2，并向高位进 1。
4. 第 4 位： 5 + 4 = 9，加上进位的 1，总和为 10
   10 ≥ 8，所以写 2，并向高位进 1。
5. 第 5 位： 4 + 5 = 9，加上进位的 1，总和为 10
   10 ≥ 8，所以写 2，并向高位进 1。
6. 第 6 位： 3 + 6 = 9，加上进位的 1，总和为 10
   10 ≥ 8，所以写 2，并向高位进 1。
7. 第 7 位： 2 + 7 = 9，加上进位的 1，总和为 10
   10 ≥ 8，所以写 2，并向高位进 1。
8. 第 8 位： 1 + 0 = 1，加上进位的 1，总和为 2
   结果：2，不进位。

第三步：写出最终结果
将每一步的结果写出来：

$$\begin{array}{r} 1\,2\,3\,4\,5\,6\,7\,0 \\ +\,0\,7\,6\,5\,4\,3\,2\,1 \\ \hline 2\,2\,2\,2\,2\,2\,1\,1 \end{array}$$

因此，八进制数 $(12345670)_8$ 和 $(07654321)_8$ 的和是 $(22222211)_8$。

【参考答案】
D. $(22222211)_8$

【编程魔法师讲解考点】
**一、什么是进制**
进制是指采用不同的基数表示数值的方式。例如：
二进制（基数为 2）：由数字 0 和 1 组成。
八进制（基数为 8）：由数字 0 到 7 组成。
十进制（基数为 10）：由数字 0 到 9 组成。
十六进制（基数为 16）：由数字 0 到 9 和字母 A 到 F 组成。

**二、进制相互转换的基本方法**
1. 其他进制转换为十进制

数值 = $\sum_{i=0}^{n}$(各位数字×基数$^i$)

例如，将八进制 $123_8$ 转换为十进制：$1×8^2+2×8^1+3×8^0=64+16+3=83$

2. 十进制转换为其他进制

使用"除基取余法"：将十进制数不断除以目标进制的基数，记录每次的余数，直到商为 0，然后逆序写出余数即可。

例如，将十进制 83 转换为八进制：
83÷8=10 余 3

10÷8=1 余 2
1÷8=0 余 1
所以八进制为 123₈

### 三、进制运算技巧

在进行不同进制间的加法运算时，建议先转换为十进制运算，然后再转换回目标进制。

**【题目总结】**

本题通过八进制数的加法运算，考查了进制间的转换和加法计算的能力。熟练掌握进制间的转换方法是信奥赛中的重要基础知识之一，能够为后续的算法学习打下坚实的基础。

3. 阅读下述代码，询问修改 data 的 value 成员以存储 3.14，正确的方式是（　　）。

```
union Data {
    int num;
    float value;
    char symbol;
};

union Data data;
```

A. data.value = 3.14;　　　B. value.data = 3.14;　　　C. data->value = 3.14;　　　D. value->data = 3.14;

**【考点识别】**

2 C++ 程序设计 | 2.10 结构体类型 |【1】结构体的定义及应用

2 C++ 程序设计 | 2.11 指针类型 |【1】指针的概念及调用

2 C++ 程序设计 | 2.13 STL 模板应用 |【2】联合体（union）的基本使用及限制

**【分析讲解】**

题目涉及的是联合体（union）的使用及访问成员的正确方式。下面逐项分析选项并得出结论。

1. 代码解释

```
union Data {
    int num;
    float value;
    char symbol;
};
union Data data;
```

union 是一种特殊的数据结构，其中所有成员共享同一块内存，因此在同一时间只有一个成员可以有效保存值。

在 union 中访问成员的语法与 struct 相似，通过点运算符（.）访问成员。

2. 对选项的逐一分析

A. data.value = 3.14;

这是正确的方式。因为 data 是 union Data 的变量，访问成员时直接使用点运算符即可。语法合法且符合联合体的访问规则。

B. value.data = 3.14;

错误。value 是 union Data 的成员，而不是变量，不能通过 value.data 这种方式访问。语法错误。

C. data->value = 3.14;

错误。箭头运算符（->）用于指针访问，但 data 是普通变量，而非指针，因此不能使用箭头运算符。语法错误。

D. value->data = 3.14;

错误。类似于选项 B，这种语法完全不符合 C++ 的访问规则。语法错误。

【参考答案】

A. data.value = 3.14;

【编程魔法师讲解考点】

### 一、联合体（union）的基本使用

1. 什么是联合体（union）

联合体（union）是一种特殊的数据类型，所有成员共享同一块内存。因此，在任意时刻，联合体只能存储一个成员的值。

联合体在节省内存方面有优势，但需要特别小心对成员的访问。

2. 基本特点

（1）共享内存：联合体的大小等于其最大成员的大小。例如：

```
union Example {
    int a;           // 4 字节
    float b;         // 4 字节
    char c[10];      // 10 字节。联合体的大小为 10 字节（最大成员的大小）
};
```

（2）成员访问：使用点运算符（.）或箭头运算符（->）来访问成员，具体取决于变量是否为指针。

3. 声明和初始化

（1）声明联合体变量：

```
union Example {
    int x;
    float y;
};
union Example example;
```

（2）初始化成员：

```
example.x = 42;
example.y = 3.14f;          // 修改 y 会覆盖 x
```

4. 联合体的局限性

只能存储一个成员的值，如果同时访问多个成员，可能会导致未定义行为。

需要清楚成员的用途和顺序，避免误用。

示例代码：

```
include <iostream>
using namespace std;
```

```
union Data {
    int num;
    float value;
    char symbol;
};

int main() {
    Data data;
    data.num = 42;
    cout << "data.num: " << data.num << endl;

    data.value = 3.14f;            // 修改 value 会覆盖 num
    cout << "data.value: " << data.value << endl;

    data.symbol = 'A';             // 修改 symbol 会覆盖 value
    cout << "data.symbol: " << data.symbol << endl;

    return 0;
}
```

**注意：**

在使用联合体时，尽量避免频繁修改不同成员。

如果需要存储多种数据同时使用，struct 比 union 更合适。

【题目总结】

本题考查了联合体成员的访问方法，以及点运算符（.）的正确使用。

4. 假设有一个链表的节点定义如下：

```
struct Node {
    int data;
    Node* next;
};
```

现在有一个指向链表头部的指针 Node *head。如果想要在链表中插入一个新节点，其成员 data 的值为 42，并使新节点成为链表的第一个节点。下列操作中正确的是（    ）。

A.

```
Node* newNode = new Node;
newNode->data = 42;
newNode->next = head;
head = newNode;
```

B.

```
Node* newNode = new Node;
head->data = 42;
newNode->next = head;
head = newNode;
```

C.

```
Node* newNode = new Node;
```

```
newNode->data = 42;
head->next = newNode;
```

D.

```
Node* newNode = new Node;
newNode->data = 42;
newNode->next = head;
```

【考点识别】

入门级 | 2.11 指针类型 |【4】指针、【4】基于指针的数组访问、【4】字符指针、【4】指向结构体的指针

入门级 | 3.1 线性表 |【3】链表：单链表、双向链表、循环链表

【分析讲解】

本题要求在链表中插入一个新节点，并让该节点成为链表的第一个节点。下面逐步分析各选项：

选项 A：

```
Node* newNode = new Node;
newNode->data = 42;
newNode->next = head;
head = newNode;
```

分析：

创建一个新节点 newNode。

将 newNode->data 设置为 42。

将 newNode->next 指向当前的头节点 head。

最后将 head 指向 newNode，使其成为新的链表头。

该操作正确完成了链表的插入操作。

结果：正确

选项 B：

```
Node* newNode = new Node;
head->data = 42;
newNode->next = head;
head = newNode;
```

分析：

修改了当前头节点的数据域为 42，这破坏了链表原有的数据结构。

newNode->next 和 head 的操作顺序没有问题，但新节点的 data 值未设置。

该操作逻辑混乱，无法正确完成插入操作。

结果：错误

选项 C：

```
Node* newNode = new Node;
newNode->data = 42;
head->next = newNode;
```

分析：

创建了一个新节点并设置其 data 值为 42。

将 head->next 设置为 newNode，这会导致新节点插入到头节点的后面，而非成为头节点。

该操作没有完成题目要求，插入逻辑错误。

结果：错误

选项 D：

```
Node* newNode = new Node;
newNode->data = 42;
newNode->next = head;
```

分析：

创建了一个新节点，设置了其 data 和 next。

但未更新 head，导致 head 仍指向旧的链表头，新节点未被链表接纳。

结果：错误

【参考答案】

A.

```
Node* newNode = new Node;
newNode->data = 42;
newNode->next = head;
head = newNode;
```

【编程魔法师讲解考点】

一、链表的基本结构

链表由一个个节点组成，每个节点包含两部分：

数据域 data：存储节点的数据。

指针域 next：指向下一个节点。

例如：

```
[Node1 | next] -> [Node2 | next] -> [Node3 | null]
```

链表的第一个节点称为头节点（head），通过它可以访问整个链表。

二、链表的插入操作

在链表中插入一个节点的通用步骤：

（1）创建一个新节点并为其分配内存。

（2）设置新节点的数据域（data）。

（3）更新新节点的 next 指针，使其指向当前链表的头节点（或其他目标位置的节点）。

（4）更新链表的头指针（head），使其指向新节点。

代码示例：

```
Node* newNode = new Node;         // 创建新节点
newNode->data = 42;               // 设置数据域
newNode->next = head;             // 指向当前的头节点
```

```
head = newNode;                      // 更新头指针
```

### 三、指针在链表中的作用

指针在链表中起到连接节点的作用，每个节点通过 next 指针连接到下一个节点。正确操作指针是链表操作的核心。

常见错误：

（1）未正确更新 head，导致新节点未被接纳。

（2）修改了原链表节点的内容，破坏了链表结构。

（3）忘记为新节点分配内存。

【题目总结】

链表操作是信奥赛中常见的基础知识点。须重点掌握以下几个考点：

（1）理解链表结构和节点的指针作用。

（2）掌握链表插入操作的步骤。

（3）注意链表操作中的指针更新顺序。

5. 根节点的高度为 1，一棵拥有 2023 个节点的三叉树高度至少为（   ）。

A. 6　　　　　B. 7　　　　　C. 8　　　　　D. 9

【考点识别】

入门级 | 3.2 简单树 |【3】树的定义及其相关概念、【3】二叉树的定义及其基本性质

入门级 | 3.3 特殊树 |【4】完全二叉树的定义与基本性质

【分析讲解】

1．三叉树的性质

（1）在一棵三叉树中，每个节点最多可以有三个子节点。

（2）假设树的高度为 h，那么在高度为 h 的三叉树中，节点数最多为

$$1+3+3^2+3^3+\cdots+3^{h-1}=\frac{3^h-1}{3-1}=\frac{3^h-1}{2}。$$

这是满三叉树的节点数。

2. 问题转化

（1）要求高度 $h$，使得节点总数 $N \geq 2023$。

（2）解不等式：$\frac{3^h-1}{2} \geq 2023$，$3^h \geq 4047$。

（3）当 $h=7$：$3^7=2187 \leq 4047$，所以 $h=7$ 不满足。

（4）当 $h=8$，$3^8=6561 \geq 4047$，所以 $h=8$ 满足。

【参考答案】

C. 8

【编程魔法师讲解考点】

一、树和高度的定义

在树中，高度是从根节点到叶子节点的最长路径所包含的节点数。对于根节点，其高度为 1。

例如：

（1）一棵只有根节点的树，高度为 1。

（2）一棵根节点下面有若干层子节点的树，高度就是从根节点到最远子节点路径上的节点数。

### 二、三叉树的性质

三叉树是一种特殊的树，每个节点最多有三个子节点。

对于高度为 h 的满三叉树（每个节点都有三个子节点），节点总数公式为

$$N = \frac{3^h - 1}{2}$$

### 三、根据节点数推算高度

当题目给定节点数 $N$，求树的最小高度时，可以反推高度 $h$：

$$N = \frac{3^h - 1}{2} \Longrightarrow 3^h \geq 2N + 1$$

接着逐个试算 $h$，直到找到满足条件的最小 $h$。

**【题目总结】**

掌握三叉树的基本性质和高度计算方法后，这类题目只需要熟悉公式并进行推导即可快速解答。这类题的常见陷阱：

（1）忘记根节点的高度是 1 而非 0。

（2）错误理解公式，未考虑三叉树每层节点数量的几何增长。

6. 小明在某一天依次有 7 个空闲时间段，他想要选出至少一个空闲时间段来练习唱歌，但他希望任意两个练习的时间段之间都有至少两个空闲的时间段让他休息，则小明可选择时间段的方案一共有（　　）。

A. 31 种　　　　　　B. 18 种　　　　　　C. 21 种　　　　　　D. 33 种

**【考点识别】**

入门级 |5. 数学 |5.4 组合数学 |【2】加法原理、【2】乘法原理

**【分析讲解】**

本题要求选择空闲时间段进行练习，并且满足以下条件：

（1）至少选择一个空闲时间段。

（2）任意两个练习的时间段之间至少有两个空闲时间段。

可以使用枚举法和组合数学的思想来解答：

（1）选择 1 个时间段：有 7 种方式。

（2）选择 2 个时间段：首先选择第一个时间段，然后至少跳过两个时间段选择第二个。方案如下：(1,4)(1,4)，(1,5)(1,5)，(1,6)(1,6)，(1,7)(1,7)，(2,5)(2,5)，(2,6)(2,6)，(2,7)(2,7)，(3,6)(3,6)，(3,7)(3,7)，(4,7)(4,7)。一共 1010 种方式。

（3）选择 3 个时间段：只有一种方案，即 (1,4,7)(1,4,7)。

（4）选择 4 个或更多的时间段是不可能的，因为不可能在每两个时间段之间都有两个空闲时间段。

所以总的选择方案是 7+10+1=187+10+1=18。

【参考答案】

B. 18 种

【编程魔法师讲解考点】

一、什么是加法原理

加法原理的精髓：如果完成一件事有几种互不重叠的方案，那么总的方案数就是这些方案数的总和。

例子：小明想要去超市买零食，有两个选择：

选择一种饮料（3 种选择：可乐、果汁、矿泉水）。

选择一种零食（2 种选择：饼干、薯片）。

这两件事是互不重叠的，所以总方案数为 3 + 2 = 5。

二、什么是乘法原理

乘法原理的核心：如果完成一件事需要分几步，并且每一步都有多种选择，那么总的方案数就是所有步方案数的乘积。

例子：小明有两个选择：第一步选择一件上衣（4 种选择）；第二步选择一条裤子（3 种选择）。

总方案数是：4 × 3 = 12。

【题目总结】

在比赛中，解决类似问题可以遵循以下步骤：

（1）理解题意，分析限制条件：这是解决问题的第一步，也是最重要的一步。

（2）枚举或分类讨论：遇到复杂的情况，可以通过枚举所有可能的合法组合来解决。

（3）应用加法与乘法原理：把分类讨论的结果结合起来，用加法原理计算总数。

7. 以下关于高精度运算的说法中错误的是（　　）。

A. 高精度计算主要是用来处理大整数或需要保留多位小数的运算

B. 大整数除以小整数的处理步骤可以是：将被除数和除数对齐，从左到右逐位尝试将除数乘以某个数，通过减法得到新的被除数，并累加商

C. 高精度乘法的运算时间只与参与运算的两个整数中长度较长者的位数有关

D. 高精度加法运算的关键在于逐位相加并处理进位

【考点识别】

入门级 |4. 算法 |4.4 数值处理算法 |【4】高精度的加法、【4】高精度的减法、【4】高精度的乘法、【4】高精度整数除以单精度的商和余数

【分析讲解】

题目问的是关于高精度运算的说法中错误的一项。下面逐一分析选项的正确性。

A. 高精度计算主要是用来处理大整数或需要保留多位小数的运算

正确。高精度运算主要应用于普通整数、小数的范围不足以支持的场景，例如计算大数的阶乘、超长浮点数等。

B. 大整数除以小整数的处理步骤可以是：将被除数和除数对齐，从左到右逐位尝试将除数乘以某个数，通过减法得到新的被除数，并累加商

正确。这是高精度整数除法的基本实现方法，也称为「竖式除法」，即逐位处理，被除数每位处理后通过减法得到新的被除数，并累加商。

C. 高精度乘法的运算时间只与参与运算的两个整数中长度较长者的位数有关

错误。高精度乘法的运算时间不仅与较长的整数位数有关，还与两个整数的总位数有关。常规方法需要逐位相乘，并处理进位，时间复杂度大约为 $O(n \times m)$，其中 $n$ 和 $m$ 是两个整数的位数。

D. 高精度加法运算的关键在于逐位相加并处理进位

正确。高精度加法的核心步骤是逐位相加，如果某位的和大于 10（或其他进制的基数），需要向前一位进位，这是高精度加法的标准流程。

**【参考答案】**

C. 高精度乘法的运算时间只与参与运算的两个整数中长度较长者的位数有关

**【编程魔法师讲解考点】**

高精度运算听起来很高大上，其实就是计算机在帮人做人用笔算也能做的事情，比如那些数字特别长的加减乘除。今天我们换个角度来聊聊这个话题，保证你看完就会觉得高精度运算不过如此。

### 一、为什么要用高精度

普通编程里的数据类型，如 int 或 long long，是有范围限制的。例如 int 类型数据的范围是 $-2^{31} \sim 2^{31}-1$，你要是想算 100 的阶乘，这些类型肯定就顶不住了，会直接爆炸。

这时候怎么办？用高精度啊！它的本质是模拟人们用笔算的过程，没有范围限制，能算得特别准。

### 二、高精度运算都在干啥

简单来说，高精度运算就是教计算机「小学四则运算」。主要包括：

1. 高精度加法

把两个数字从低位开始一位一位地加，就像我们小时候写竖式加法。

如果加起来超过了 10，就要进位给前一位。

2. 高精度减法

一样是从低位开始一位一位地减，如果不够减就得向前借位。

跟小时候做减法没啥区别。

3. 高精度乘法

还记得小时候用竖式乘法吗？一位一位地乘，然后把结果累加起来。

计算复杂度挺高的，需要处理很多位数。

4. 高精度除法

就是竖式除法，从高位开始一位一位地试商，看被除数能被除数整除几次。

这个过程也得反复运用减法，直到算完为止。

### 三、真正的难点在哪

1. 进位和借位

加法和减法中最容易出问题的地方就是忘记处理进位或者借位。每次运算都得小心别漏了。

2. 位数处理

高精度运算通常会用数组存储每一位数字，例如 1234 存成 [4, 3, 2, 1]。这样方便一位一位地算，但你得记得结果要倒过来输出。

3. 效率问题

特别是高精度乘法，时间复杂度是 $O(n \times m)$，两个数字的位数越多，算起来越慢。

**【题目总结】**

学高精度运算的窍门：

（1）从加法和减法开始：这些最简单，练练手就能搞懂进位和借位。

（2）用笔算模拟：如果不会写代码，就自己用笔算，照着思路一步步写程序。

（3）多画流程图：列清楚每一步要干啥，特别是进位、借位或者试商。

8. 数 $101010_2$ 和 $166_8$ 的和为（　　）。

A. $10110000_2$　　　　B. $236_8$　　　　C. $158_{10}$　　　　D. $A0_{16}$

**【考点识别】**

入门级 |2. 进制间的转换与表示 |2.1 各种进制间的转换

【1】十进制与二进制之间的转换

【2】十进制与八进制之间的转换

【3】二进制与八进制之间的转换

【4】十六进制的表示与转换

**【分析讲解】**

（1）转换为十进制：$101010_2 = 42_{10}$，$166_8 = 118_{10}$。

（2）计算和：$42 + 118 = 160_{10}$。

（3）转换为目标进制：$160_{10} = 10100000_2$，$240_8$，$A0_{16}$。

（4）对比选项，正确答案为 D. $A0_{16}$。

**【参考答案】**

D. $A0_{16}$

**【编程魔法师讲解考点】**

一、进制之间的转换

二进制、八进制、十六进制可以转换为十进制，再从十进制转换为目标进制实现。

常用方法包括逐步除法和乘法展开。

二、不同进制之间的转换

（1）二进制转十进制：将每一位按权重展开后相加。例如：

$101010_2 = 1×2^5+0×2^4+1×2^3+0×2^2+1×2^1+0×2^0 = 42_{10}$。

（2）八进制转十进制：类似于二进制转换，只是基数是8。例如：

$166_8 = 1×8^2+6×8^1+6×8^0 = 64+48+6 = 118_{10}$。

（3）十进制转其他进制：使用逐步除法，将数字反复除以目标基数，记录余数，从低位到高位输出。例如：$160_{10} ÷ 2$ 依次得到 $10100000_2 10100000_2$。

**【题目总结】**

（1）快速转换：二进制与八进制、十六进制之间可以直接按每 3 位或 4 位分组。例如：

$101010_2 = 52_8$（每 3 位对应一个八进制数字）。

$101010_2 = 2A_{16}$（每 4 位对应一个十六进制数字）。

（2）直接计算：某些进制计算（如二进制）可以直接逐位运用加法或乘法，无须转换为十进制。

9. 后缀表达式 6 2 3 + - 3 8 2 / + * 2 ^ 3 + 对应的中缀表达式是（　　）。

A. $((6-(2+3))*((3+8/2))^2)+3$  B. $6-2+3*3+8/2^2+3$

C. $(6-(2+3))*((3+8/2)^2)+3$  D. $6-((2+3)*(3+8/2))^2+3$

【考点识别】

入门级 |6. 数据结构 |6.2 栈 |

【1】表达式的后缀（逆波兰）表示法。

【2】后缀表达式与中缀表达式的相互转换。

【3】利用栈求解后缀表达式。

【分析讲解】

后缀表达式（又称逆波兰表达式）的计算和转换遵循从左到右扫描的原则，使用栈辅助运算。下面逐步分析讲解题中的后缀表达式：

6 2 3 + 3 8 2 / + * 2 ^ 3 + 。

我们从左到右逐步处理：

（1）遇到数字时，直接压入栈。

（2）遇到运算符时，从栈中弹出需要的操作数，计算结果后再压入栈。

过程如下：

起始表达式：6 2 3 + 3 8 2 / + * 2 ^ 3 +

初始栈：空

读 6：压入栈，栈：[6]

读 2：压入栈，栈：[6, 2]

读 3：压入栈，栈：[6, 2, 3]

读 +：弹出 3 和 2，形成中缀表达式 (2 + 3)，结果压入栈，栈：[6, (2 + 3)]

读 -：弹出 (2 + 3) 和 6，形成中缀表达式 (6 (2 + 3))，结果压入栈，栈：[(6 (2 + 3))]

读 3：压入栈，栈：[ (6 (2 + 3)), 3]

读 8：压入栈，栈：[ (6 (2 + 3)), 3, 8]

读 2：压入栈，栈：[ (6 (2 + 3)), 3, 8, 2]

读 /：弹出 2 和 8，形成中缀表达式 (8 / 2)，结果压入栈，栈：[ (6 (2 + 3)), 3, (8 / 2)]

读 +：弹出 (8 / 2) 和 3，形成中缀表达式 (3 + (8 / 2))，结果压入栈，栈：[ (6 (2 + 3)), (3 + (8 / 2))]

读 *：弹出 (3 + (8 / 2)) 和 (6 (2 + 3))，形成中缀表达式 ((6 (2 + 3)) * (3 + (8 / 2)))，结果压入栈，栈：[ ((6 (2 + 3)) * (3 + (8 / 2)))]

读 2：压入栈，栈：[ ((6 (2 + 3)) * (3 + (8 / 2))), 2]

读 ^：弹出 2 和 ((6 (2 + 3)) * (3 + (8 / 2)))，形成中缀表达式 (((6 (2 + 3)) * (3 + (8 / 2))) ^ 2)，结果压入栈，栈：[ (((6 (2 + 3)) * (3 + (8 / 2))) ^ 2)]

读 3：压入栈，栈：[ (((6 (2 + 3)) * (3 + (8 / 2))) ^ 2), 3]

读 +：弹出 3 和 (((6 (2 + 3)) * (3 + (8 / 2))) ^ 2)，形成中缀表达式 ((((6 (2 + 3)) * (3 + (8 / 2))) ^ 2) + 3)，结果压入栈，栈：[ ((((6 (2 + 3)) * (3 + (8 / 2))) ^ 2) + 3)]

【参考答案】

A. $((6 (2+3)) * (3 + (8/2))^2) + 3$

## 【编程魔法师讲解考点】

后缀表达式是一种计算机科学中非常重要的表达式形式，它在计算中避免了括号的使用，使计算逻辑更加高效，特别适合用栈这种数据结构实现。

### 一、什么是后缀表达式

后缀表达式，又叫逆波兰表达式（Reverse Polish Notation，RPN）。

运算符写在操作数之后，例如 3 4 +，表示 3 + 4。

### 二、后缀表达式的计算过程

后缀表达式计算常用栈（stack）来实现，步骤如下：

（1）准备一个空栈。

（2）遍历表达式：

如果遇到数字，压入栈。

如果遇到运算符，弹出两个操作数，计算结果后再压回栈。

（3）表达式遍历结束后，栈顶的值就是最终结果。

后缀表达式的转换过程其实是将每一步的操作用括号表示并嵌套起来。例如，6 2 3 + 对应中缀为 (6 (2 + 3))。

### 三、后缀表达式转换为中缀表达式的方法

要将后缀表达式转换回中缀表达式，需要重点关注运算优先级和括号：

（1）从左到右扫描后缀表达式。

（2）遇到操作数，直接入栈。

（3）遇到运算符，弹出栈顶的两个元素，构造一个新表达式并加括号，再将新表达式压入栈。

（4）最后栈中剩下的唯一元素即为完整的中缀表达式。

例子：

后缀表达式：6 2 3 - - 3 8 2 / + * 2 ^ 3 +

转换过程：

计算 2-3：(2-3)

计算 6-(2-3)：(6-(2-3))

计算 3+8/2：(3+8/2)

计算 ((3+8/2)$^2$)

计算整个表达式：((6-(2-3))*((3+8/2)$^2$))+3

## 【题目总结】

后缀表达式考查了栈这种经典数据结构的运用，以及对表达式运算的理解。这类题目简单易学，但逻辑严密，需要熟练掌握操作顺序：

（1）确定运算顺序：在栈中后入的操作数先被运算，体现了后进先出（LIFO）的原则。

（2）确保先弹出的是右操作数，后弹出的是左操作数。

10. 假设有一组字符 {a, b, c, d, e, f}，对应的频率分别为 5%、9%、12%、13%、16%、45%。以下选项中为字符 a, b, c, d, e, f 分别对应的一组哈夫曼编码是（　　）。

A: 1111, 1110, 101, 100, 110, 0　　　　　　B: 1010, 1001, 1000, 011, 010, 00

C: 000, 001, 010, 011, 10, 11    D: 1010, 1011, 110, 111, 00, 01

【考点识别】

入门级 | 数据结构 | 特殊树 |【4】哈夫曼树的定义和构造、哈夫曼编码

【分析讲解】

哈夫曼编码是一种前缀编码方法，它根据字符出现的频率生成最优二进制编码，使得编码后的平均长度最短。

以下是具体解答步骤：

1. 根据频率构造哈夫曼树

给定频率：{a:5%,b:9%,c:12%,d:13%,e:16%,f:45%}

构造过程：

（1）将频率最低的两个字符合并为一个新节点，形成树的分支，新节点的权值是两个频率的和。

（2）重复上述过程，直到只有一个根节点。

2. 具体过程

（1）合并 a(5%) 和 b(9%) 生成节点 N1(14%)。

（2）合并 c(12%) 和 d(13%)，生成节点 N2(25%)。

（3）合并 N1(14%) 和 e(16%)，生成节点 N3(30%)。

（4）合并 N2(25%) 和 N3(30%)，生成节点 N4(55%)。

（5）合并 N4(55%) 和 f(45%)，生成根节点 Root(100%)。

3. 生成编码

从根节点出发，左分支编码为 0，右分支编码为 1。最终字符对应的编码为从根到叶子节点路径上的编码序列。

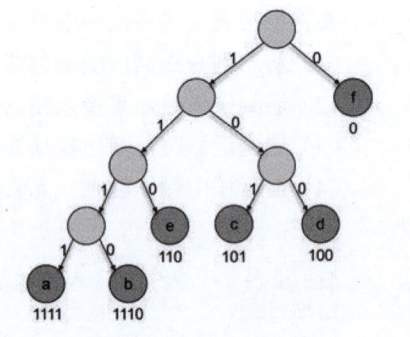

【参考答案】

A. 1111, 1110, 101, 100, 110, 0

【编程魔法师讲解考点】

一、哈夫曼树是什么

哈夫曼树是一种带权路径长度最短的二叉树。这里"带权路径长度"可以理解为树中每个叶子节点的权重乘以它到根的路径长度之和。构造时总是优先合并权值最小的节点，形成新的分支节点。

二、如何构造哈夫曼树

（1）把所有字符看成单独的节点，每个节点的权值是字符出现的频率。

（2）找出权值最小的两个节点，合并成一个新节点，新节点的权值等于两个节点的权值之和。

（3）重复这一步，直到所有节点合并成一棵树。

【题目总结】

哈夫曼树和哈夫曼编码是一种基于字符出现频率的最优前缀编码方法，能让编码后的数据更节省空间。简单说，出现得越频繁的字符，它的编码就越短；出现少的字符，编码会稍长一些，但总体是最优的。

11. 给定一棵二叉树，其前序遍历结果为 ABDECFG，中序遍历结果为 DEBACFG。这棵树的后序遍历结果是（　　）。

A. EDBGFCA    B. EDGBFCA    C. DEBGFCA    D. DBEGFCA

【考点识别】

入门级 | 数据结构 | 简单树 |【4】二叉树的定义及其基本性质、【4】二叉树的遍历：前序、中序、后序遍历

【分析讲解】

1. 前序遍历和中序遍历的特点

前序遍历：按顺序访问根、左子树、右子树。

中序遍历：按顺序访问左子树、根、右子树。

根据这些特点，可以利用前序遍历的第一个节点确定树的根节点，从中序遍历中分割出左子树和右子树的节点集合。

2. 构造二叉树

（1）从前序遍历中，根节点是 A。

（2）在中序遍历中，A 的位置将中序序列分割为：

左子树：DEB；

右子树：CFG。

（3）在左子树 DEB 中：

从前序遍历中，接下来的根是 B。

在中序遍历中，B 的位置将左子树分割为：

左子树：DE；

右子树：无。

（4）在左子树 DE 中：

从前序遍历中，接下来的根是 D。

在中序遍历中，D 的位置将左子树分割为：

左子树：空；

右子树：E。

（5）回到右子树 CFG：

从前序遍历中，接下来的根是 C。

在中序遍历中，C 的位置将右子树分割为：

左子树：F；

右子树：G。

（6）F 和 G 是叶子节点。

3. 后序遍历

根据二叉树的后序遍历规则（左子树 → 右子树 → 根节点），可以得到结果：

左子树的后序遍历：E → D → B；

右子树的后序遍历：G → F → C。

最后访问根节点 A。

组合结果：EDBGFCA。

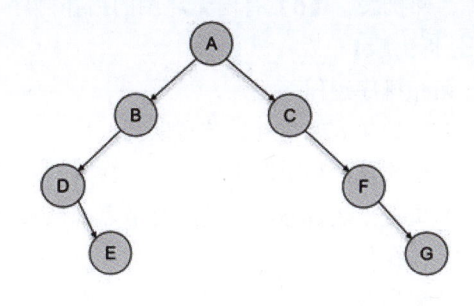

【参考答案】

A. EDGBFCA

【编程魔法师讲解考点】

一、什么是前序、中序、后序遍历

（1）前序遍历（Pre-order Traversal）：按顺序访问根节点 → 左子树 → 右子树。

（2）中序遍历（In-order Traversal）：按顺序访问左子树 → 根节点 → 右子树。

（3）后序遍历（Post-order Traversal）：按顺序访问左子树 → 右子树 → 根节点。

二、怎么根据遍历序列推导二叉树

通常会给参赛者两种遍历结果（如前序+中序），要求构造一棵二叉树。

（1）先从前序遍历找根节点：前序遍历的第一个节点是树的根。

（2）从中序遍历里分左右子树：找到根节点在中序遍历的位置，分成左右两部分，分别是左子树和右子树。

（3）递归构造子树：用剩余的前序和中序序列重复上述过程。

【题目总结】

二叉树遍历虽然简单，掌握前序、中序、后序的规则和结合方式，再多练几道题，就能在竞赛中"得心应手"！

记住遍历特点：前序第一个是根；中序分割左右子树；后序最后一个是根。

12. 考查一个有向无环图，该图包括 4 条有向边：(1, 2), (1, 3), (2, 4), (3, 4)。以下选项中为这个有向无环图的一个有效的拓扑排序是（　　）。

A. 4, 2, 3, 1　　　　B. 1, 2, 3, 4　　　　C. 1, 2, 4, 3　　　　D. 2, 1, 3, 4

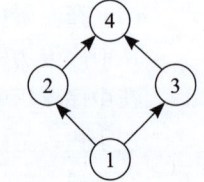

【考点识别】

入门级 | 数据结构 | 简单图 |【4】图的定义与相关概念、【4】图的表示与存储：邻接矩阵、邻接表、【6】有向无环图的拓扑排序

【分析讲解】

1. 拓扑排序过程

（1）初始化入度为 0 的节点队列：1。

（2）依次从队列中取出节点，并将其加入拓扑排序结果中，同时更新依赖它的节点的入度。

（3）重复上述过程，直到所有节点都被处理。

2. 具体操作

（1）取出节点 1：

加入排序结果：1。

减少 2 和 3 的入度：2 的入度变为 0，3 的入度变为 0。

队列更新为：2,3。

（2）取出节点 2：

加入排序结果：1,2。

减少 4 的入度：4 的入度变为 1。

队列更新为：3。

（3）取出节点 3：

加入排序结果：1,2,3。

减少 4 的入度：4 的入度变为 0。

队列更新为：4。

（4）取出节点 4：

加入排序结果：1,2,3,4。

队列为空，排序结束。

【参考答案】

B. 1, 2, 3, 4

【编程魔法师讲解考点】

一、什么是拓扑排序

拓扑排序的目标是为有向无环图中的所有节点安排一个线性顺序，使得每条有向边 $(u,v)$ 中，节点 $u$ 必须排在节点 $v$ 之前。通俗地说，所有"依赖关系"都被正确地满足了。

二、如何进行拓扑排序

拓扑排序常用的方法有两种：基于入度的 Kahn 算法（常用）、基于深度优先搜索（DFS）的递归方法。

1. 基于入度的 Kahn 算法

（1）统计每个节点的入度（即有多少条边指向它）。

（2）将所有入度为 0 的节点加入队列。

（3）从队列中取出节点，将它加入排序结果，同时移除它的出边并更新目标节点的入度。

（4）如果目标节点的入度变为 0，则将其加入队列。

（5）重复上述过程，直到所有节点都被处理。

2. 基于深度优先搜索的递归方法

（1）从未访问过的节点出发，沿着有向边递归访问。

（2）在递归返回时，将节点加入栈（或直接加入结果表）。

（3）最终栈中的节点顺序即为拓扑排序结果。

【题目总结】

拓扑排序是非常重要的图论算法，用来解决有向无环图中的顺序问题。通过学习 Kahn 算法和 DFS 方法，可以轻松应对各种涉及依赖的排序问题！

13. 在计算机中，以下选项描述的数据存储容量最小的是（    ）。

A. 字节（byte）　　　　B. 比特（bit）　　　　C. 字（word）　　　　D. 千字节（kilobyte）

【考点识别】

入门级 | 计算机基础与编程环境 | 计算机的基本构成 |【1】计算机存储单位：bit（比特）、byte（字节）、KB、MB 等

【分析讲解】

1. 各选项的解释和比较

A. 比特（bit）：比特是计算机存储的最小单位。1 比特可以表示两个状态（如 0 和 1）。

B. 字节（byte）：字节由 8 比特组成，即 1 字节 = 8 比特。常用来表示一个字符（如字母、数字）。

C. 字（word）：字是 CPU 一次可以处理的数据位数，其大小因 CPU 架构而异。通常为 16 位、32 位或 64 位等（即 2 字节、4 字节或 8 字节）。

D. 千字节（kilobyte）：1 千字节（KB）= 1024 字节 = 8192 比特。

2. 单位比较

从小到大的顺序为：比特（bit）< 字节（byte）< 字（word）< 千字节（kilobyte）

【参考答案】

B. 比特（bit）

【编程魔法师讲解考点】

在计算机中，存储单位是一个非常基础的概念。今天我们就来搞懂这些单位的关系和实际意义，让它们不再是你的拦路虎！

一、什么是存储单位

存储单位是用来描述数据大小的标准。计算机的存储是以二进制为基础的，因此单位之间是以 2 的幂次进行换算的。

二、各存储单位的大小关系

1. 比特（bit）

比特是存储的最小单位，一比特可以存储一个二进制位（0 或 1）。

例子：一比特可以表示一盏灯的开关状态（开/关）。

2. 字节（byte）

字节是最常用的存储单位，1 字节等于 8 比特。

例子：一个英文字母（如 A）通常需要 1 字节，一个汉字通常需要 2～3 字节。

3. 字（word）

字是计算机处理数据的单位，通常由 16 位（2 字节）或 32 位（4 字节）组成，具体取决于 CPU 的架构。

例子：早期的计算机是 16 位字长（2 字节），现代计算机通常为 32 位或 64 位。

4. 千字节（kilobyte）

1 千字节等于 1024 字节（注意，计算机采用二进制换算）。

例子：一篇普通 TXT 格式的文本文档大小大一般是 10～20 KB。

三、单位换算口诀

计算机存储单位的换算规律：

1 字节（B）= 8 比特（bit）；

1 KB = 1024 字节（B）；

1 MB = 1024 KB；

1 GB = 1024 MB；

1 TB = 1024 GB。

【题目总结】

当你看到存储单位时，第一步是判断哪个更小、哪个更大。比特是最小单位，往上逐步累加，记住它们的大小关系和换算规律，就能轻松搞定这类题！

14. 一个班级有 10 个男生和 12 个女生。如果要选出一个 3 人的小组，并且小组中必须至少包含 1 个女生，那么可能的组合为（　　）。

  A. 1420 种　　　　B. 1770 种　　　　C. 1540 种　　　　D. 2200 种

**【考点识别】**

入门级 | 数学与逻辑 | 组合数学 |【1】排列与组合的基本概念和应用

**【分析讲解】**

本题属于组合数学问题，需要根据题意计算所有符合条件的组合数。问题要求小组中必须至少有 1 个女生，因此需要用排除法或 分情况讨论法解决。

方法 1

在所有男生、女生里面挑 3 个的方案数：挑选 3 个男生的方案数，$C_{22}^3 - C_{10}^3 = 1420$。

方法 2

至少包括一个女生，最多包含 3 个女生，所以可以分为三种情况：

（1）包含一个女生，有 $C_{12}^1 \times C_{10}^2 = 540$ 种方法。

（2）包含两个女生，有 $C_{12}^2 \times C_{10}^1 = 660$ 种方法。

（3）包含三个女生，有 $C_{12}^3 = 220$ 种方法。

因此，共有 540 + 660 + 220 = 1420 种方案。

**【编程魔法师讲解考点】**

排列与组合是一种用数学方法解决分配问题的基本工具，也是信奥赛中常见的考点。

### 什么是排列与组合

1. 排列

从一组对象中选出若干个并按顺序排列的方法，顺序很重要。

公式为 $P(n, r) = \dfrac{n!}{(n-r)!}$，表示从 $n$ 个对象中选取 $r$ 个的排列数。

2. 组合

从一组对象中选出若干个，不考虑顺序的方法。

公式为 $C(n, r) = \dfrac{n!}{r!(n-r)!}$，表示从 $n$ 个对象中选取 $r$ 个的组合数。

**【题目总结】**

排列与组合的计算看似复杂，但只要理解公式和题目要求就可以轻松解决。最重要的是练习多个类似题目，形成"下意识解法"。

15. 以下不是操作系统名称的是（　　）。

  A. Linux　　　　B. Windows　　　　C. Android　　　　D. HTML

**【考点识别】**

入门级 | 计算机基础与编程环境 | 操作系统与应用软件 |【2】常见操作系统：Windows、Linux、macOS 等【4】操作系统的基本功能与分类

【分析讲解】

本题考查的是对操作系统和相关技术的理解，重点是识别哪个选项不是操作系统。

1. 什么是操作系统

操作系统（Operating System，OS）是管理计算机硬件和软件资源的系统软件。它为用户提供友好的界面，同时管理底层资源，如 CPU、内存、硬盘、输入输出设备等。常见的操作系统有：

Windows：微软公司开发的操作系统，适用于个人计算机。

Linux：一种开源的操作系统，常用于服务器、嵌入式设备和开发环境。

Android：基于 Linux 内核的移动操作系统，主要用于智能手机和平板计算机。

2. 关于选项的分析

A. Linux：一种开源的操作系统，广泛应用于服务器、嵌入式设备等。

B. Windows：微软公司开发的著名操作系统，个人计算机最常用。

C. Android：基于 Linux 内核的移动操作系统，广泛应用于智能设备。

D. HTML：一种超文本标记语言，用于网页开发，不是操作系统。

【参考答案】

D. HTML

【编程魔法师讲解考点】

一、操作系统（Operating System, OS）

1. 定义

操作系统是计算机中的系统软件，直接运行在硬件之上，负责管理硬件资源并为用户和应用软件提供服务。

2. 功能

资源管理：管理 CPU、内存、硬盘、输入输出设备等资源。

任务调度：同时运行多个程序时，操作系统决定谁先用 CPU，谁等着。

文件管理：组织和存储文件，提供读写文件的接口。

用户接口：提供图形用户界面（GUI）或命令行界面（CLI），方便用户与计算机交互。

设备管理：处理打印机、键盘、鼠标等外部设备的操作请求。

3. 常见的操作系统

桌面操作系统：Windows、macOS、Linux。

移动操作系统：Android、iOS。

服务器操作系统：Windows Server、Ubuntu Server、CentOS。

嵌入式操作系统：VxWorks、FreeRTOS。

二、应用软件（Application Software）

1. 定义

应用软件是为满足用户特定需求开发的软件，依赖操作系统运行。它解决的是具体的任务，比如文字处理、图像编辑、游戏等。

2. 功能

文字处理：编辑文档、排版，如 Microsoft Word。

表格处理：数据分析、财务管理，如 Microsoft Excel。
多媒体处理：图片编辑、视频制作，如 Photoshop、Premiere。
浏览器：访问网页，如 Chrome、Edge。
通讯软件：邮件、即时通讯，如 Outlook、微信。
娱乐软件：游戏、音乐播放器，如 Steam、Spotify。

3. 分类

通用型应用软件：满足大多数用户需求，如办公软件（Microsoft Office）、浏览器（Chrome）。
专业型应用软件：用于特定领域，如 AutoCAD（工程设计）、MATLAB（科学计算）。
定制型应用软件：为某一机构或企业量身定制的软件，如 ERP 系统、CRM 系统。

【题目总结】

操作系统是计算机的"大脑"，提供管理与支持功能；
应用软件是"工具"，解决用户的具体问题。
两者紧密结合，为现代计算设备提供强大的功能和良好的用户体验。

## 2.3　CSP-J 选择题模拟训练

1. 假设有一个 short 类型的变量，它占用 2 字节（16 位）。根据补码表示法，short 类型的存储范围是（　　）。

A. -32767 ～ +32767　　　　　　　　　　B. -32768 ～ +32767
C. -32768 ～ +32768　　　　　　　　　　D. -32767 ～ +32768

2. 计算 (238-1112)+A16(23_8 111_2) + A_{16}(238-1112)+A16 的结果，下列中为计算结果十进制值的是（　　）。

A 28　　　　　　B 30　　　　　　C 31　　　　　　D 32

3. 某公司有 12 名员工，分为 3 个部门：A 部门有 5 名员工，B 部门有 4 名员工，C 部门有 3 名员工。现需要从这 12 名员工中选出 5 名组成一个工作小组，且每个部门至少要有 1 人，选择方式共有（　　）。

A. 540 种　　　　　B. 600 种　　　　　C. 720 种　　　　　D. 840 种

4. 以下序列中对应数字 0 ～ 15 的 4 位二进制格雷码（Gray Code）的是（　　）。

A. 0000, 0001, 0011, 0010, 0110, 0111, 0101, 0100, 1100, 1101, 1111, 1110, 1010, 1011, 1001, 1000
B. 0000, 0001, 0010, 0011, 0111, 0110, 0100, 0101, 1101, 1100, 1110, 1111, 1011, 1010, 1000, 1001
C. 0000, 0001, 0011, 0010, 0100, 0101, 0111, 0110, 1110, 1111, 1101, 1100, 1000, 1001, 1011, 1010
D. 0000, 0001, 0011, 0010, 0110, 0111, 0101, 0100, 1100, 1101, 1111, 1110, 1000, 1001, 1011, 1010

5. 一个存储设备容量为 512GB，实际存储容量按照 1000 的换算单位计算（即 1GB = 1000MB），问该设备的存储容量用二进制换算时比标注值少了（　　）。

A. 536870912 字节　　B. 524288000 字节　　C. 536870912 位　　D. 524288000 位

6. 以下为 C++ 的基本数据类型的是（　　）。
   A. string　　　　　　　B. bool　　　　　　　C. array　　　　　　　D. vector

7. 以下关于 C++ 循环语句的描述中，错误的是（　　）。
   A. for 循环通常用于计数循环　　　　　　　B. while 循环在循环体执行后判断条件
   C. do-while 循环至少执行一次循环体　　　D. C++ 不支持 repeat-until 语句

8. 在 C/C++ 中，（char）('A' + 5) 的值是（　　）。
   A. F　　　　　　　B. E　　　　　　　C. G　　　　　　　D. H

9. 假设有一个有序数组包含 $2^{20}$ 个元素，用二分查找法寻找一个目标元素，最多需要比较次数是（　　）。
   A. 19　　　　　　　B. 20　　　　　　　C. 21　　　　　　　D. 22

10. 以下为操作系统名称的是（　　）。
    A. Photoshop　　　　B. Ubuntu　　　　C. Google Chrome　　　　D. Microsoft Office

11. 一个无向图 G 有 6 个顶点和 10 条边，则所有顶点的度数之和是（　　）。
    A. 10　　　　　　　B. 12　　　　　　　C. 20　　　　　　　D. 30

12. 已知某二叉树的前序遍历为 [1,2,4,5,3,6,7]，中序遍历为 [4,2,5,1,6,3,7]。该二叉树的后序遍历结果是（　　）。
    A. [4,5,2,6,7,3,1]　　B. [5,4,2,7,6,3,1]　　C. [4,2,5,6,3,7,1]　　D. [2,4,5,6,7,3,1]

13. 给定一个空栈，支持入栈和出栈操作。若入栈顺序为 1, 2, 3, 4, 5，下列中为不可能出栈顺序的是（　　）。
    A. 5, 4, 3, 2, 1　　B. 4, 5, 3, 2, 1　　C. 3, 5, 4, 1, 2　　D. 1, 2, 3, 5, 4

14. 有 4 个男生和 3 个女生站成一排，规定 3 个女生必须相邻，有不同的排列方式（　　）。
    A. 1440 种　　　　B. 720 种　　　　C. 1200 种　　　　D. 960 种

15. 以下列中不是编译器功能的为（　　）。
    A. 检查代码是否符合语法规则　　　　　　B. 将高级语言代码转换为机器代码
    C. 优化生成的目标代码　　　　　　　　　D. 调试程序的运行错误

# 第3章 CSP-J程序阅读题真题分析讲解

## 3.1 2024年CSP-J第一轮程序阅读题

**第1题**

```
01  include<iostream>
02  using namespace std;
03  bool isPrime(int n){
04  if(n<=1){
05          return false;
06  }
07  for(int i=2;i*i<=n;i++){
08          if(n%i==0){
09                  return false;
10          }
11  }
12  return true;
13  }
14
15  int countPrimes(int n){
16  int count=0;
17  for(int i=2;i<=n;i++){
18          if(isPrime(i)){
19                  count++;
20          }
21  }
22  return count;
23  }
24
25  int sumPrimes(int n){
26  int sum=0;
27  for(int i=2;i<=n;i++){
28          if(isPrime(i)){
29                  sum+=i;
30          }
31  }
32  }
33
```

```
34 int main(){
35
36     int x;
37     cin>>x;
38     cout<<countPrimes(x)<<" "<<sumPrimes(x)<<endl;
39     return 0;
40 }
```

**【考点识别】**

入门级 | C++ 程序设计 |【2.3】程序基本语句、【2.9】函数与递归

入门级 | 数学 |【5.3】初等数论

**【程序详细分析】**

1. 功能说明

此程序的主要功能是统计并输出给定整数范围内的素数个数以及素数的总和。

2. 程序块一分析

```
03 bool isPrime(int n){
04     if(n<=1){
05         return false;              // 负数、0 和 1 不是素数
06     }
07     for(int i=2;i*i<=n;i++){
08         if(n%i==0){
09             return false;          // 如果存在因子，则不是素数
10         }
11     }
12     return true;                   // 没有因子则是素数
13 }
```

功能：判断给定整数 n 是否是素数。

关键点：

（1）如果 n<=1，直接返回 false。

（2）使用 试除法 判断素数，仅需检查到 sqrt(n)。

（3）一旦发现 n 有因子，立即返回 false。

3. 程序块二分析

```
15 int countPrimes(int n){
16     int count=0;                   // 素数计数器初始化为 0
17     for(int i=2;i<=n;i++){
18         if(isPrime(i)){
19             count++;               // 如果是素数，计数器加 1
20         }
21     }
22     return count;                  // 返回素数总数
23 }
```

功能：统计小于或等于 n 的素数个数。

关键点：

（1）遍历范围 [2, n]，通过 isPrime 函数判断每个数是否为素数。

（2）每发现一个素数，count 增加 1。

4. 程序块三分析

```
25  int sumPrimes(int n){
26      int sum=0;                        // 素数总和初始化为 0
27      for(int i=2;i<=n;i++){
28          if(isPrime(i)){
29              sum+=i;                   // 如果是素数，将其加入总和
30          }
31      }
32  }
```

功能：计算小于或等于 n 的所有素数的总和。

关键点：

（1）遍历 [2, n]，通过 isPrime 判断是否是素数。

（2）素数加入 sum，最终返回其值。

（3）注意：此函数缺少 return sum，可能会导致编译警告或运行时错误。

5. 程序块四分析

```
34  int main(){
36      int x;
37      cin>>x;                                           // 输入一个整数
38      cout<<countPrimes(x)<<" "<<sumPrimes(x)<<endl;    // 输出素数个数和素数总和
39      return 0;
40  }
```

功能：程序入口，接收用户输入，调用 countPrimes 和 sumPrimes，输出结果。

关键点：

（1）用户输入的值 x 是所有计算的上限。

（2）调用了两个辅助函数，并以空格分隔输出结果。

**判断题**

16. 当输入为"10"时，程序的第一个输出为"4"，第二个输出为"17"。（　　）

【分析讲解】

输入 x = 10，程序会计算以下内容：

　调用 countPrimes(10)：

　　小于或等于 10 的素数为：2, 3, 5, 7。

　　素数总数为 4。

　调用 sumPrimes(10)：

　　素数总和为：2 + 3 + 5 + 7 = 17。

输出结果为 4 17。

【参考答案】

正确（✓）

17. 若将 isPrime(i) 函数中的条件改为 i<=n/2，输入"20"时，countPrimes(20) 的输出将变为"6"。（    ）

【分析讲解】

修改后的 isPrime 函数：

原始条件：i * i <= n，检查到平方根即可。

修改后条件：i <= n / 2，检查到 n / 2。

问题：i <= n / 2 的效率较低，但不会影响正确性。

输入 x = 20，依然按素数定义计算：

小于或等于 20 的素数为：2, 3, 5, 7, 11, 13, 17, 19。

总数为 8，不会变为 6。

【参考答案】

错误（✘）

18. sumPrimes 所计算的是从 2 到 n 之间的所有素数之和。（    ）

【分析讲解】

函数 sumPrimes 的作用是遍历从 2 到 n 的所有数，判断是否为素数。

若为素数，将其累加到 sum。

输出的结果确实是从 2 到 n 之间所有素数的总和。

【参考答案】

正确（✓）

选择题

19. 当输入为"50"时，sumPrimes(50) 的输出为（    ）。

A. 1060　　　　B. 328　　　　C. 381　　　　D. 275

【分析讲解】

输入 x = 50，计算 sumPrimes(50)，即求小于或等于 50 的所有素数之和。

小于或等于 50 的素数为 2, 3, 5, 7, 11, 13, 17, 19, 23, 29, 31, 37, 41, 43, 47。

它们的总和为 2+3+5+7+11+13+17+19+23+29+31+37+41+43+47=328。

所以 sumPrimes(50) 输出为 328。

【参考答案】

B. 328

20. 如果将 for(int i=2;i*i<=n;i++) 改为 for(int i=2;i<=n;i++)，输入"10"时，程序的输出为（    ）。

A. 将不能正确计算 10 以内的素数个数及其和　　　　B. 仍然输出"4"和"17"

C. 输出"3"和"10"　　　　D. 输出结果不变，但用的时间更短

【分析讲解】

（1）原代码：

```
for (int i = 2; i * i <= n; i++) {
    if (n % i == 0) return false;
}
```

条件 i * i <= n 确保只检查到 sqrt(n)，能正确判断素数。
（2）修改后的代码：

```
for (int i = 2; i <= n; i++) {
    if (n % i == 0) return false;
}
```

条件 i <= n 会导致循环继续到 n。

结果：当 i == n 时，n % i == 0 恒成立，所有的数（包括素数）都会被认为非素数，isPrime 函数始终返回 false。

因此程序最终输出 0 0。故选 A

【参考答案】

A. 将不能正确计算 10 以内的素数个数及其和

【题目总结】

本题涉及的核心考点：

1. C++ 程序设计

（1）函数与递归：函数定义与调用、形参与实参。

（2）程序基本语句：for 循环语句。

（3）布尔型：bool 类型的使用及返回值判断。

2. 数学

初等数论：素数的定义和判定方法（试除法）。

【编程魔法师讲解考点】

一、C++ 函数与递归

在 C++ 中，函数是一种实现代码重用和模块化的重要方式。通过定义函数，你可以将复杂问题分解为多个简单的子问题，每个函数负责处理其中一部分逻辑。

1. 函数的定义

函数由以下部分组成：

（1）返回值类型：如 int、bool、void 等，指定函数返回值的类型。

（2）函数名：表示函数的名称，用于调用。

（3）参数列表：括号内列出传递给函数的值。

（4）函数体：由 {} 包围，定义具体逻辑。

示例：

```
bool isPrime(int n) {
    if (n <= 1) return false;              // 负数、0 和 1 不是素数
    for (int i = 2; i * i <= n; i++) {
        if (n % i == 0) return false;      // 存在因子，不是素数
    }
    return true;                            // 没有因子，是素数
}
```

关键点：
（1）使用条件判断语句（if）检查输入条件。
（2）使用 for 循环高效遍历可能的因子范围。
（3）函数的返回值用 return 指定，直接传递结果给调用处。

2. 函数调用

函数调用时，需要匹配定义的形式参数（简称形参）。例如：

```
if (isPrime(7)) { // 调用 isPrime 函数，检查 7 是否为素数
    cout << "7 是素数" << endl;
}
```

### 二、for 循环语句

for 循环是一种固定次数迭代的语句，用于遍历某个范围或条件。

语法格式：

```
for（初始化；条件；更新）{
    // 循环体
}
```

初始化：设置循环的初始值。
条件：在每次循环前检查，只有条件为 true 时才会执行循环体。
更新：每次循环结束后更新变量。
例如：

```
for (int i = 2; i <= n; i++) {
    if (isPrime(i)) {
        count++;
    }
}
```

### 三、初等数论：素数的判定

素数的定义：一个大于 1 的自然数，只有 1 和它本身两个正因子。

常见判定方法：试除法。

只需检查从 2 到 sqrt(n) 的数是否能整除 n。时间复杂度约为 $O(\sqrt{n})$，适合处理小范围数据。
例如：

```
for (int i = 2; i * i <= n; i++) {
    if (n % i == 0) return false; // 如果存在因子，立即返回 false
}
```

优化点
（1）如果 n 是偶数，可以直接返回 false（除了 2）。
（2）不需要检查偶数的因子，只需遍历奇数。

### 第 2 题

```
01 include<iostream>
```

```
02 include<vector>
03 using namespace std;
04
04 int compute(vector<int> &cost){
05     int n=cost.size();
06     vector<int> dp(n+1,0);
07     dp[1]=cost[0];
08     for(int i=2;i<=n;i++){
09         dp[i]=min(dp[i-1],dp[i-2])+cost[i-1];
10     }
11     return min(dp[n],dp[n-1]);
12 }
13 int main()
14 {
15     int n;
16     cin>>n;
17     vector<int> cost(n);
18     for(int i=0;i<n;i++){
19         cin>>cost[i];
20     }
21     cout<<compute(cost)<<endl;
22     return 0;
23 }
```

【考点识别】

入门级 | C++ 程序设计 |【2.7】数组与数组下标、【2.9】函数定义与调用、【2.3】程序基本语句

入门级 | 算法 |【4.8】动态规划：动态规划的基本思路

【程序详细分析】

1. 功能说明

此程序的主要功能是通过动态规划计算从数组起点到终点的最低花费路径和，即本题问的是从第 0 个台阶跳到第 $n+1$ 个台阶，每次只能跳一步或两步，总的最小花费。

2. 程序块一分析

```
04 int compute(vector<int> &cost){
05     int n = cost.size();                                  // 获取数组长度
06     vector<int> dp(n+1, 0);                               // 动态规划数组，初始化为 0
07     dp[1] = cost[0];                                      // 第一个台阶的最低花费为 cost[0]
08     for(int i = 2; i <= n; i++){
09         dp[i] = min(dp[i-1], dp[i-2]) + cost[i-1];        // 递推关系，选择前一步或前两步中更小的花费
10     }
11     return min(dp[n], dp[n-1]);                           // 返回到终点前一步和终点的最小花费
12 }
```

核心逻辑：采用动态规划思想解决问题。

状态定义：dp[i] 表示到达第 i 个台阶所需的最小花费。

状态转移方程：dp[i]=min(dp[i-1],dp[i-2])+cost[i-1]dp[i] =min(dp[i-1], dp[i-2]) + cost[i-1]

边界条件：

（1）dp[1] = cost[0]。

（2）dp[0] 被初始化为 0，表示起点。

3. 程序块二分析

```
13  int main() {
15      int n;
16      cin >> n;                              // 输入台阶数量
17      vector<int> cost(n);                   // 创建长度为 n 的数组
18      for (int i = 0; i < n; i++){
19          cin >> cost[i];                    // 输入每个台阶的花费
20      }
21      cout << compute(cost) << endl;         // 输出最低花费路径
22      return 0;
23  }
```

功能：

（1）接收用户输入的数组 cost。

（2）调用 compute 函数，计算并输出最低花费。

3. 动态规划逻辑分析讲解

（1）输入输出：

输入：台阶数 n 和每个台阶对应的花费数组 cost。

输出：最低花费路径和。

（2）计算流程：

从 dp[2] 开始，逐步计算每个台阶的最小花费。

最后返回 min(dp[n], dp[n-1])，表示从倒数第一或倒数第二个台阶到终点的最低花费。

**判断题**

21. 当输入的 cost 数组为 {10, 15, 20} 时，程序的输出为 15。（    ）

【分析讲解】

输入 cost = {10, 15, 20}，台阶数 n = 3。

动态规划数组 dp 的计算过程：

　　初始化：dp[0] = 0, dp[1] = cost[0] = 10。

　　dp[2] = min(dp[1], dp[0]) + cost[1] = min(10, 0) + 15 = 15。

　　dp[3] = min(dp[2], dp[1]) + cost[2] = min(15, 10) + 20 = 30。

最终返回值：min(dp[3], dp[2]) = min(30, 15) = 15。

结论：程序输出为 15，判断正确。

【参考答案】

正确（✓）

22. 如果将 dp[i-1] 改为 dp[i-3]，程序可能会产生编译错误。（    ）

【分析讲解】

1. 原代码

```
dp[i] = min(dp[i-1], dp[i-2]) + cost[i-1];
```

此代码假定 i 总是大于或等于 2，i-1 和 i-2 都是合法下标。

2. 修改后

```
dp[i] = min(dp[i-3], dp[i-2]) + cost[i-1];
```

如果 i < 3，dp[i-3] 会访问越界，导致运行时错误。

但编译器无法静态检查此越界问题，因此不会报编译错误。

3. 结论

修改后程序可能运行错误，但不会产生编译错误。

【参考答案】

错误（✘）

23. 程序总是输出 cost 数组中的最小元素。（　　）

【分析讲解】

程序的目标是计算最低花费路径，而不是直接找到 cost 数组中的最小值。

最低花费路径依赖于 dp 的递推过程，与 cost 中的最小元素没有直接关系。

例如：输入 cost = {1, 100, 1, 1, 1, 100, 1, 1, 100, 1}，最低花费路径和为 6，明显不是 1。因此，程序并不总是输出 cost 数组中的最小值。

结论：程序的输出与 cost 的最小值无直接关系，判断错误。

【参考答案】

错误（✘）

选择题

24. 当输入的 cost 数组为 {1,100,1,1,1,100,1,1,100,1} 时，程序的输出为（　　）。
A. "6"　　　　　　　B. "7"　　　　　　　C. "8"　　　　　　　D. "9"

【分析讲解】

（1）输入 cost = {1, 100, 1, 1, 1, 100, 1, 1, 100, 1}，台阶数 n = 10。

（2）动态规划数组 dp 计算过程：

初始化：dp[0] = 0，dp[1] = cost[0] = 1。

递推计算：

  dp[2] = min(dp[1], dp[0]) + cost[1] = min(1, 0) + 100 = 100。

  dp[3] = min(dp[2], dp[1]) + cost[2] = min(100, 1) + 1 = 2。

  dp[4] = min(dp[3], dp[2]) + cost[3] = min(2, 100) + 1 = 3。

  dp[5] = min(dp[4], dp[3]) + cost[4] = min(3, 2) + 1 = 3。

  dp[6] = min(dp[5], dp[4]) + cost[5] = min(3, 3) + 100 = 103。

  dp[7] = min(dp[6], dp[5]) + cost[6] = min(103, 3) + 1 = 4。

  dp[8] = min(dp[7], dp[6]) + cost[7] = min(4, 103) + 1 = 5。

  dp[9] = min(dp[8], dp[7]) + cost[8] = min(5, 4) + 100 = 104。

  dp[10] = min(dp[9], dp[8]) + cost[9] = min(104, 5) + 1 = 6。

（3）最终输出为 min(dp[10], dp[9]) = min(6, 104) = 6。

【参考答案】

A. "6"

25. 如果输入的 cost 数组为 {10,15,30,5,5,10,20}，程序的输出为（　　）。

A. "25"　　　　　　B. "30"　　　　　　C. "35"　　　　　　D. "40"

【分析讲解】

（1）输入 cost = {10, 15, 30, 5, 5, 10, 20}，台阶数 n = 7。

（2）动态规划数组 dp 计算过程：

初始化：dp[0] = 0, dp[1] = cost[0] = 10。

递推计算：

　　dp[2] = min(dp[1], dp[0]) + cost[1] = min(10, 0) + 15 = 15。
　　dp[3] = min(dp[2], dp[1]) + cost[2] = min(15, 10) + 30 = 40。
　　dp[4] = min(dp[3], dp[2]) + cost[3] = min(40, 15) + 5 = 20。
　　dp[5] = min(dp[4], dp[3]) + cost[4] = min(20, 40) + 5 = 25。
　　dp[6] = min(dp[5], dp[4]) + cost[5] = min(25, 20) + 10 = 30。
　　dp[7] = min(dp[6], dp[5]) + cost[6] = min(30, 25) + 20 = 45。

（3）最终输出为 min(dp[7], dp[6]) = min(45, 30) = 30。

【参考答案】

B. "30"

26. 若将代码中的 min(dp[i-1],dp[i-2])+cost[i-1] 修改为 dp[i-1]+cost[i-2]，输入 cost 数组为 {5,10,15} 时，程序的输出为（　　）。

A. "10"　　　　　　B. "15"　　　　　　C. "20"　　　　　　D. "25"

【分析讲解】

根据修改后的状态转移方程：

```
dp[i] = dp[i-1] + cost[i-2];
```

程序逻辑和状态转移如下：

（1）输入 cost = {5, 10, 15}，台阶数 n = 3。

（2）初始化：

dp[0] = 0。

dp[1] = cost[0] = 5。

（3）递推计算：

dp[2] = dp[1] + cost[0] = 5 + 5 = 10。

dp[3] = dp[2] + cost[1] = 10 + 10 = 20。

（4）最终结果：返回 min(dp[n], dp[n-1]) = min(dp[3], dp[2]) = min(20, 10) = 10。

【参考答案】

A. "10"

【题目总结】
本题涉及以下核心考点。
1. C++ 程序设计
（1）动态数组 vector 的使用：动态分配与访问数组元素。
（2）函数定义与调用：函数的参数传递与返回值。
（3）基本语句与循环：for 循环的基本使用。
2. 算法与动态规划
（1）动态规划的核心思想：递推关系与状态转移方程的设计。
（2）动态规划的空间优化：用两个变量替代数组优化空间复杂度。

【编程魔法师讲解考点】
一、考点：动态规划
动态规划是一种通过记录子问题的解来避免重复计算，从而高效解决问题的方法。它的核心思想是将问题分解为子问题，并通过递推关系将子问题的解组合成原问题的解。
1. 动态规划的核心步骤
（1）定义状态：用一个数组（或变量）表示问题的子问题状态。例如，在本题中，dp[i] 表示到达第 i 个台阶的最低花费。
（2）递推关系（状态转移方程）：
定义当前状态与前几个状态之间的关系。在本题中，递推公式为：

```
dp[i]=min(dp[i-1], dp[i-2]) + cost[i-1]
```

表示到达第 i 个台阶的最低花费是从前一个台阶或前两个台阶的最低花费加上当前台阶的花费。
（3）初始状态：
动态规划需要初始条件。本题中：
dp[0]=0：起点无花费。
dp[1]=cost[0]：第一个台阶的最低花费为其自身。
（4）边界处理：
注意动态规划公式中可能的数组越界问题，例如本题中 i-2 需要确保 i >= 2。
（5）输出结果：
在本题中，最后返回 min(dp[n], dp[n-1])，即从倒数第一或倒数第二个台阶到终点的最低花费。
2. 优化动态规划
（1）空间优化：
本题中，每次计算 dp[i] 只需要 dp[i-1] 和 dp[i-2]，所以可以用两个变量代替整个数组，将空间复杂度从 $O(n)$ 优化到 $O(1)$。
示例：

```
int prev1 = cost[0], prev2 = 0;
for (int i = 2; i <= n; i++) {
    int curr = min(prev1, prev2) + cost[i-1];
    prev2 = prev1;
```

```
        prev1 = curr;
    }
    return min(prev1, prev2);
```

（2）时间复杂度：

动态规划通常通过递推将时间复杂度控制在 $O(n)$。

对于本题来说，计算每个台阶只需要 $O(1)$ 的操作，总复杂度为 $O(n)$。

### 二、考点：C++ 编程要点

（1）vector 的使用：

动态数组在 C++ 中用 vector 表示，支持动态扩展和下标访问。vector<int> cost(n) 创建长度为 n 的数组。

（2）函数调用与引用传递：

compute(vector<int>& cost) 中使用了引用传递，避免复制整个数组，提高性能。

（3）for 循环：

遍历 cost 数组中的每个元素，使用 for 循环实现动态规划的递推。

## 第 3 题

```
01 include<iostream>
02 include<cmath>
03 using namespace std;

04 int customFunction(int a,int b){
05   if(b==0){
06       return a;
07   }
08   return a+customFunction(a,b-1);
09 }
10
11 int main()
12 {
13    int x,y;
14    cin>>x>>y;
15    int result=customFunction(x,y);
16    cout<<pow(result,2)<<endl;
17    return 0;
18 }
```

【考点识别】

入门级 | C++ 程序设计 |【2.9】函数与递归、【2.3】程序基本语句

入门级 | 数学 |【5.3】初等数论

【程序详细分析】

1. 功能说明

此程序的主要功能是通过递归实现一个定制函数 customFunction，计算两个输入整数的乘积并输出结果的平方。

**2. 程序块一分析**

```
04  int customFunction(int a, int b) {
05      if (b == 0) {
06          return a;                              // 基本情况：当 b 为 0 时，返回 a
07      }
08      return a + customFunction(a, b 1);         // 递归情况：累加 a，共 b 次
09  }
```

功能：实现递归的"乘法"操作：

（1）基本情况：如果 b == 0，返回 a。

（2）递归情况：通过 a + customFunction(a, b 1) 将 a 累加 b 次。

**注意：**

递归深度为 b，即需要调用 b + 1 次递归。

**3. 程序块二分析：**

```
11  int main() {
13      int x, y;
14      cin >> x >> y;                             // 输入两个整数 x 和 y
15      int result = customFunction(x, y);         // 计算 x 和 y 的 "乘积"
16      cout << pow(result, 2) << endl;            // 输出结果的平方
17      return 0;
18  }
```

功能：

（1）接收两个整数 x 和 y。

（2）调用递归函数 customFunction，计算 x * y（通过递归实现）。

（3）输出该结果的平方。

**4. 递归逻辑分析讲解**

以 customFunction(2, 3) 为例：

　　第一次调用：customFunction(2, 3) 返回 2 + customFunction(2, 2)。

　　第二次调用：customFunction(2, 2) 返回 2 + customFunction(2, 1)。

　　第三次调用：customFunction(2, 1) 返回 2 + customFunction(2, 0)。

　　第四次调用：customFunction(2, 0) 返回 2。

最终：2 + (2 + (2 + 2)) = 8。

**5. 程序的注意点**

递归深度：如果输入 b 过大，可能会导致递归栈溢出。

效率：此递归实现乘法的效率较低，可用更高效的算法代替。

**判断题**

27. 当输入为"23"时，customFunction(2,3) 的返回值为"64"。（　　）

**【分析讲解】**

调用 customFunction(2, 3)，递归过程如下：

　　第一次调用：customFunction(2, 3) 返回 2 + customFunction(2, 2)。

第二次调用：customFunction(2, 2) 返回 2 + customFunction(2, 1)。
第三次调用：customFunction(2, 1) 返回 2 + customFunction(2, 0)。
第四次调用：customFunction(2, 0) 返回 2。

最终：2 + (2 + (2 + 2)) = 8。

在 main 函数中，pow(result, 2) 计算平方，pow(8, 2) = 64。

因此，customFunction(2, 3) 的返回值为 8，最终输出为 64，不是 customFunction 本身的返回值。

**【参考答案】**

错误（✘）

28. 当 b 为负数时，customFunction(a, b) 会陷入无限递归。（       ）

**【分析讲解】**

递归函数 customFunction 的结束条件是 if (b == 0)：

如果 b 为负数，递归每次调用 customFunction(a, b 1)，b 会不断减小，无法达到 b == 0，导致无限递归。

无限递归最终会导致栈溢出。

**【参考答案】**

正确（✓）

29. 当 b 的值越大，程序的运行时间越长。（       ）

**【分析讲解】**

每次调用 customFunction(a, b) 时，都会递归调用 b + 1 次，递归深度等于 b。

随着 b 的增大，递归次数和计算量呈线性增长，因此运行时间会随 b 的增大而增加。

**【参考答案】**

正确（✓）

单选题

30. 当输入为 "5 4" 时，customFunction(5,4) 的返回值为（       ）。

A. 5　　　　　　B. 25　　　　　　C. 250　　　　　　D. 625

**【分析讲解】**

调用 customFunction(5, 4) 的递归过程：

第一次调用：customFunction(5, 4) 返回 5 + customFunction(5, 3)。
第二次调用：customFunction(5, 3) 返回 5 + customFunction(5, 2)。
第三次调用：customFunction(5, 2) 返回 5 + customFunction(5, 1)。
第四次调用：customFunction(5, 1) 返回 5 + customFunction(5, 0)。
第五次调用：customFunction(5, 0) 返回 5。

最终：5 + (5 + (5 + (5 + 5))) = 25。

返回值为 25。

**【参考答案】**

B. 25

31. 如果输入 x=3 和 y=3，则程序的最终输出为（　　）。

A. "27"　　　　　　B. "81"　　　　　　C. "144"　　　　　　D. "256"

【分析讲解】

调用 customFunction(3, 3) 的递归过程：

　　第一次调用：customFunction(3, 3) 返回 3 + customFunction(3, 2)。

　　第二次调用：customFunction(3, 2) 返回 3 + customFunction(3, 1)。

　　第三次调用：customFunction(3, 1) 返回 3 + customFunction(3, 0)。

　　第四次调用：customFunction(3, 0) 返回 3。

　　最终：3 + (3 + (3 + 3)) = 12。

在 main 函数中，pow(result, 2) 计算平方：

　　pow(12, 2) = 144。

程序的最终输出为 144。

【参考答案】

C. "144"

32. 若将 customfunction 改为"return a + customFunction(a-1，b-1)；并输入"3 3"，则程序的最终输出为（　　）。

A. 9　　　　　　B. 16　　　　　　C. 25　　　　　　D. 36

【分析讲解】

修改后的递归逻辑：

　　基本情况不变：if (b == 0) return a;

　　递归公式：return a + customFunction(a - 1, b - 1);

调用 customFunction(3, 3) 的递归过程：

　　第一次调用：customFunction(3, 3) 返回 3 + customFunction(2, 2)。

　　第二次调用：customFunction(2, 2) 返回 2 + customFunction(1, 1)。

　　第三次调用：customFunction(1, 1) 返回 1 + customFunction(0, 0)。

　　第四次调用：customFunction(0, 0) 返回 0。

　　最终：3 + (2 + (1 + 0)) = 6。

在 main 函数中，pow(result, 2) 计算平方：

　　pow(6, 2) = 36。

程序的最终输出为 36。

【参考答案】

D. 36

【题目总结】

本题涉及以下核心考点。

1. C++ 递归函数

（1）递归函数的基本结构与运行机制。

（2）基本情况（递归结束条件）和递归调用逻辑。

（3）递归深度对程序运行时间和空间的影响。

2. 数学操作

（1）使用递归实现多层次的数学计算（如累加实现乘法、平方运算等）。

（2）递归与数学表达式的关系。

3. C++ 标准库

cmath 库的使用，例如 pow 函数进行幂次运算。

【编程魔法师讲解考点】

一、考点：递归

1. 递归的概念

递归是一种直接或间接调用自身的函数，通过分解问题，逐步逼近一个简单的基本情况来解决问题。

在递归中，每次调用都会生成一个新的函数调用栈，并保留当前状态，因此递归需要具备以下两部分。

基本情况：定义递归的结束条件，防止无限递归。

递归调用：函数通过调用自身解决规模更小的子问题。

2. 递归在本题中的实现

基本情况：

```
if (b == 0) {
    return a;
}
```

当 b 为 0 时，返回 a，终止递归。

递归调用：

```
return a + customFunction(a, b 1);
```

每次将 b 减 1，并加上 a，实现了通过累加的方式计算 a * b。

3. 递归过程示例

以 customFunction(2, 3) 为例：

　　第一次调用：customFunction(2, 3)，返回 2 + customFunction(2, 2)。

　　第二次调用：customFunction(2, 2)，返回 2 + customFunction(2, 1)。

　　第三次调用：customFunction(2, 1)，返回 2 + customFunction(2, 0)。

　　第四次调用：customFunction(2, 0)，返回 2。

结果：2 + (2 + (2 + 2)) = 8。

4. 递归的特点

（1）递归深度与时间复杂度：

每次递归需要保存当前的状态，因此递归深度直接影响程序的运行时间和空间复杂度。本程序的递归深度与 b 成正比，时间复杂度为 $O(b)$。

（2）递归的灵活性：

可以用递归实现复杂数学运算（如乘法、阶乘、斐波那契数列等）。

本题通过递归实现了乘法的逻辑。

（3）递归的风险：

如果缺乏合适的基本情况（如 b == 0），可能导致无限递归，引发栈溢出。

修改递归逻辑（如 customFunction(a 1, b 1)）时，需特别注意递归终止条件是否正确。

5. 本题程序改进建议

（1）用迭代代替递归。

当前递归实现乘法效率较低，可以改用迭代方法：

```
int customFunction(int a, int b) {
    int result = a;
    for (int i = 1; i < b; i++) {
        result += a;
    }
    return result;
}
```

时间复杂度和递归相同，但节省了函数调用栈的开销。

（2）边界条件的处理。

若允许 b 为负数，可以增加判断：

```
if (b < 0) {
    return -customFunction(a, -b);
}
```

（3）优化平方运算。

若指数始终为 2，可以直接使用乘法代替 pow，效率更高：

```
int squared = result * result;
```

## 3.2　2023 年 CSP-J 第一轮程序阅读题

### 第 1 题

```
01 include <iostream>
02 include <cmath>
03 using namespace std;
04
05 double f(double a, double b, double c) {
06     double s = (a + b + c) / 2;
07     return sqrt(s * (s a) * (s b) * (s c));
08 }
```

```
09
10  int main() {
11          cout.flags(ios::flxed);
12          cout.precision(4);
13
14          int a, b, c;
15      cin >> a >> b >> c;
16      cout << f(a, b, c) << endl;
17      return 0;
18  }
```

【考点识别】

入门级 | 2. C++ 程序设计 | 2.2 基本数据类型、2.5 数学库常用函数、cin 和 cout 语句

入门级 | 2. C++ 程序设计 | 2.9 函数与递归

入门级 | 5. 数学 | 5.2 初等数学

【程序详细分析】

1. 功能说明

该程序通过接收用户输入的三角形三边长度，利用海伦公式计算三角形的面积并输出。

2. 程序块一说明

```
05  double f(double a, double b, double c) {
06      double s = (a + b + c) / 2;             // 计算三角形的半周长
07      return sqrt(s * (s a) * (s b) * (s c)); // 使用海伦公式计算面积
08  }
```

功能：定义了一个函数 f，接收三角形的三边长度作为参数，返回三角形面积。

逻辑：利用海伦公式，先计算半周长 $s = \dfrac{a+b+c}{2}$，再通过公式面积 $= \sqrt{s(s-a)(s-b)(s-c)}$ 计算并返回面积。

```
10  int main() {
11      cout.flags(ios::fixed);            // 设置输出为固定小数点形式
12      cout.precision(4);                 // 设置小数点后输出 4 位
13
14      int a, b, c;                       // 定义输入变量
15      cin >> a >> b >> c;                // 读取三角形三边长度
16      cout << f(a, b, c) << endl;        // 调用函数 f，计算并输出面积
17      return 0;                          // 程序正常结束
18  }
```

功能：程序主入口，完成输入输出与函数调用。

逻辑：

　　第 11～12 行：设置输出格式，确保所有浮点数结果保留 4 位小数。

　　第 14～15 行：声明并接收三角形三边长度。

　　第 16 行：调用 f 函数计算面积并输出。

3. 功能总结

输入：三条边的整数长度。

输出：三角形面积（4位小数）。
**判断题**
16. 当输入为"2 2 2"时，输出为"1.7321"。（　　）
【分析讲解】

输入的是等边三角形，即三边的边长均为2。根据海伦公式：$s = \frac{2+2+2}{2} = 3$，

面积公式为 $\sqrt{s(s-a)(s-b)(s-c)} = \sqrt{3(3-2)(3-2)(3-2)} = \sqrt{3} \approx 1.7321$。

程序通过 cout.precision（4）确保输出保留4位小数，因此结果为1.7321。
【参考答案】
正确（✓）
17. 将第7行中的"(s b)*(s c)"改为"(s c)*(s b)"不会影响程序运行的结果。（　　）
【分析讲解】

乘法满足交换律，因此（s-b）·（s-c）与（s-c）·（s-b）是等价的。两者的结果完全一致，因此不会影响程序运行的结果。
【参考答案】
正确（✓）
18. 程序总是输出4位小数。（　　）
【分析讲解】

程序在第11行设置了 cout.flags（ios::fixed），第12行设置了 cout.precision（4），这意味着输出的浮点数总是以固定小数点格式保留4位小数。无论结果是整数还是浮点数，程序都会以4位小数的形式输出，例如4.0000。
【参考答案】
正确（✓）
**单选题**
19. 当输入为"3 4 5"时，输出为（　　）。

A."6.0000"　　　　B."12.0000"　　　　C."24.0000"　　　　D."30.0000"

【分析讲解】

输入为三边长度3、4和5，这是一个直角三角形，计算面积如下：

$s = \frac{3+4+5}{2} = 6$。

面积公式为 $\sqrt{s(s-a)(s-b)(s-c)} = \sqrt{6(6-3)(6-4)(6-5)} = 6$。

程序设置了 cout.precision（4），输出保留4位小数，因此输出为6.0000。
【参考答案】
A."6.0000"
20. 当输入为"5 12 13"时，输出为（　　）。

A."24.0000"　　　　B."30.0000"　　　　C."60.0000"　　　　D."120.0000"

【分析讲解】

输入为三边长度 5、12 和 13，这是一个直角三角形，计算面积如下：

$s = \dfrac{5+12+13}{2} = 15$。

面积公式为 $\sqrt{s(s-a)(s-b)(s-c)} = \sqrt{15(15-5)(15-12)(15-13)} = 30$。

程序设置了 cout.precision（4），输出保留 4 位小数，因此输出为 30.0000。

【参考答案】

B."30.0000"

【题目总结】

本题考查要点如下。

1. C++ 程序设计

（1）基本数据类型：double 类型的使用，函数返回值及计算精度控制。

（2）数学库函数：使用 sqrt 函数计算平方根，属于数学库常用函数。

（3）基本输入输出：cin 和 cout 的使用，格式化输出（ios::fixed 和 precision）。

（4）函数定义与调用：自定义函数 f 的编写与调用。

2. 数学知识

（1）海伦公式的应用。

（2）几何图形面积的计算。

【编程魔法师讲解考点】

1. C++ 数据类型与数学函数的使用

在 C++ 中，数据类型是程序的基石之一。常用的 double 类型是一种能表示小数的实数类型，适用于精确到小数点后很多位的运算。例如在计算三角形面积时，结果可能不是整数，这就需要使用 double 来存储。

此外，C++ 提供了丰富的数学库函数，例如这里用到的 sqrt，它可以快速计算一个数的平方根。

2. 基本输入输出及格式化输出

cin 和 cout 是 C++ 中非常常见的输入输出方法。

输入：cin 从键盘获取数据，直接存储到变量中，例如"cin >> a;"。

输出：cout 用于输出信息到屏幕。

但普通的输出可能格式不够精确。例如，结果 6 和 6.0000 乍一看没区别，但小数点后的精确位数在科学计算中非常重要。为此，可以使用：

```
cout.flags(ios::fixed);     // 固定小数点形式
cout.precision（4）;        // 保留 4 位小数
```

这个设置使得程序输出统一规范，给人一种非常专业的感觉。

3. 函数的定义与调用

函数是程序的积木块，可以让代码结构清晰、可读性强。例如题目中的 f 函数：

```
double f(double a, double b, double c) {
```

```
    double s = (a + b + c) / 2;
    return sqrt(s * (s a) * (s b) * (s c));
}
```

函数的定义包含了三部分：

返回值类型：这里是 double。

参数列表：接收三条边的长度。

函数体：实现计算逻辑。

调用函数时，只需输入三条边长，程序自动计算面积并返回结果，非常简捷高效。

4. 数学知识：海伦公式

你知道吗，古希腊数学家海伦是三角形面积计算的大神！他给出的公式为

面积 = $\sqrt{s(s-a)(s-b)(s-c)}$。

其中 $s = \dfrac{a+b+c}{2}$，被称为三角形的半周长。

这个公式的美妙之处在于，它不仅适用于直角三角形，还可以计算任意三角形的面积。只需要知道三条边的长度就能搞定，堪称万能公式！

## 第 2 题

```
01 include <iostream>
02 include <vector>
03 include <algorithm>
04 using namespace std;
05
06 int f(string x, string y) {
07     int m = x.size();
08     int n = y.size();
09     vector<vector<int>> v(m+1,vector<int>(n+1,0));
10     for(int i = 1; i <= m; i++) {
11         for(int j = 1; j <= n; j++) {
12             if(x[i-1] == y[j-1]) {
13                 v[i][j] = v[i-1][j-1] + 1;
14             } else {
15                 v[i][j] = max(v[i-1][j], v[i][j-1]);
16             }
17         }
18     }
19     return v[m][n];
20 }
21
22 bool g(string x, string y) {
23     if(x.size() != y.size()) {
24         return false;
25     }
26     return f(x + x, y) == y.size();
27 }
28
```

```
29 int main() {
30     string x, y;
31     cin >> x >> y;
32     cout << g(x, y) << endl;
33     return 0;
34 }
```

【考点识别】

入门级 | 2. C++ 程序设计 | 2.7 数组【1】数组与数组下标

入门级 | 2. C++ 程序设计 | 2.5 数学库常用函数【3】字符串操作

入门级 | 4. 算法 | 4.3 基础算法【3】动态规划

【程序详细分析】

1. 功能说明

该程序由两个主要函数 f 和 g 组成。

函数 f：计算两个字符串的最长公共子序列（LCS）的长度。

函数 g：判断两个字符串是否是彼此的旋转变位（一个字符串经过旋转后可以变成另一个字符串）。

2. 程序块说明 :1. 函数 f：最长公共子序列长度计算

```
06 int f(string x, string y) {
    int m = x.size();
    int n = y.size();
    vector<vector<int>> v(m+1, vector<int>(n+1, 0));    // 创建二维动态数组 v
    for (int i = 1; i <= m; i++) {
        for (int j = 1; j <= n; j++) {
            if (x[i-1] == y[j-1]) {
                v[i][j] = v[i-1][j-1] + 1;              // 字符匹配时长度加 1
            } else {
                v[i][j] = max(v[i-1][j], v[i][j-1]);    // 否则取较大值
            }
        }
    }
    return v[m][n];                                     // 返回 x 和 y 的最长公共子序列长度
}
```

功能：计算两个字符串的最长公共子序列长度。

逻辑：采用动态规划方法，用二维数组 v 存储子问题的解：

（1）v[i][j] 表示 x 的前 i 个字符与 y 的前 j 个字符的最长公共子序列长度。

（2）动态规划的状态转移代码：

```
if (x[i-1] == y[j-1]) {
    v[i][j] = v[i-1][j-1] + 1;
} else {
    v[i][j] = max(v[i-1][j], v[i][j-1]);
}
```

3. 函数 g：判断旋转变位

```
22 bool g(string x, string y) {
```

```
        if (x.size() != y.size()) {
            return false;                          // 长度不同直接返回 false
        }
        return f(x + x, y) == y.size();            // 判断 y 是否为 x+x 的子序列
    }
```

功能：判断字符串 x 是否可以通过旋转变为字符串 y。

逻辑：

（1）两个字符串长度必须相等。

（2）拼接字符串 x + x 包含了所有可能的旋转形式。

（3）如果 y 是 x + x 的子序列，且长度与 y 本身长度相同，则 y 是 x 的旋转变位。

4. 主函数

```
29  int main() {
        string x, y;
        cin >> x >> y;                  // 输入两个字符串
        cout << g(x, y) << endl;        // 调用 g 函数输出结果
        return 0;
    }
```

功能：读取两个字符串，调用 g 函数判断它们是否是旋转变位，并输出结果（1 表示是，0 表示否）。

5. 功能总结

输入：两个字符串。

输出：判断它们是否是彼此的旋转变位，结果为布尔值（1 或 0）。

主要算法：动态规划计算最长公共子序列；拼接字符串判断旋转变位。

**判断题**

1. f 函数的返回值小于或等于 min(n,m)。（    ）

【分析讲解】

f 函数计算两个字符串的最长公共子序列（LCS）的长度。

最长公共子序列的长度不会超过任一字符串的长度，即 $f(x,y) \leq \min(\text{len}(x), \text{len}(y))$。

例如：

如果 x="abc", y="def"，则公共子序列长度为 0。

如果 x="abc", y="ab"，则最长公共子序列长度为 2，等于 min(3,2)。

【参考答案】

正确（✓）

2. f 函数的返回值等于两个输入字符串的最长公共子串的长度。（    ）

【分析讲解】

f 函数计算的是最长公共子序列的长度，而不是最长公共子串的长度：

（1）最长公共子序列：字符在两个字符串中出现的顺序一致，但不要求连续。

（2）最长公共子串：字符在两个字符串中必须是连续的。

例如：

x="abcde",y="ace"：最长公共子序列为 "ace"，长度为 3；最长公共子串为空，长度为 0。

x="abcde",y="bcd"：最长公共子序列为 "bcd"，长度为 3；最长公共子串为 "bcd"，长度也为 3。

因此，最长公共子序列和最长公共子串是不同的，f 的返回值不等于最长公共子串的长度。

【参考答案】

错误（✗）

3. 当输入两个完全相同的字符串时，g 函数的返回值总是 true。（　　）

【分析讲解】

在函数 g 中：

首先检查两个字符串长度是否相等。如果完全相同，长度必然相等。

将字符串 x 拼接为 x + x，并检查 y 是否为其子序列，且长度等于 y。

如果两个字符串完全相同，y 必然是 x + x 的子序列，且长度相等，因此返回 true。

例如：

输入 x="abc",y="abc"：拼接结果为 "abcabc"，y 是 "abcabc" 的子序列，且长度为 3，返回 true。

【参考答案】

正确（✓）

选择题

4. 将第 19 行中的 "v[m][n]" 替换为 "v[n][m]"，那么该程序（　　）。

A. 行为不变　　　　　B. 只会改变输出　　　　C. 一定非正常退出　　　　D. 可能非正常退出

【分析讲解】

STL 容器在访问元素时严格检查下标范围：

（1）如果 vector<vector<int>> v(m+1, vector<int>(n+1, 0)) 定义了二维数组，合法访问范围为 $0 \le i \le m$ 和 $0 \le j \le n$。

（2）替换为 v[n][m] 后，当 n≠m neq mn =m 时，可能会访问 v 中未定义的区域，导致下标越界，从而程序非正常退出。

（3）唯一行为不变的情况是 n=m n = mn=m。

因此，替换为 v[n][m] 后，程序会因越界访问而可能非正常退出。

【参考答案】

D. 可能非正常退出

5. 当输入为 "csp-j p-jcs" 时，输出为（　　）。

A. "0"　　　　　　　　B. "1"　　　　　　　　C. "T"　　　　　　　　D. "F"

【分析讲解】

（1）输入字符串 x = "csp-j", y = "p-jcs"，g 函数判断它们是否是旋转变位。

（2）长度检查：x.size() = y.size() = 5，继续判断。

（3）构造拼接字符串：x + x = "csp-jcsp-j"。

（4）调用 f 函数：

计算 "csp-jcsp-j" 和 "p-jcs" 的最长公共子序列长度为 5。

f(x + x, y) == y.size() 成立，返回 true。

（5）最终，程序输出 1。

【参考答案】

B."1"

6. 当输入为"csppsc spsccp"时，输出为（　　　）。

A."T"　　　　　　B."F"　　　　　　C."0"　　　　　　D."1"

【分析讲解】

输入字符串 x = "csppsc", y = "spsccp"，g 函数判断它们是否是旋转变位：

（1）长度检查：x.size() = y.size() = 6，继续判断。

（2）构造拼接字符串：x + x = "csppsccsppsc"。

（3）调用 f 函数：

从 "csppsccsppsc" 中依次选出第 2、3、5、6、7、9 个字符，得到 "spsccp"。

确定 y 是 x + x 的子序列，且长度等于 y.size()。

（4）判断成立：g(x, y) 返回 true。

最终，程序输出 1（即 D 的选项形式）。

【参考答案】

D."1"

【题目总结】

本题涉及如下核心考点。

1. C++ 程序设计

（1）STL 容器。

动态二维数组的初始化与访问（vector<vector<int>>）。

下标访问的合法范围，及下标越界导致程序非正常退出的风险。

（2）字符串操作。

string.size() 函数获取字符串长度。

字符串的拼接操作（x + x）。

（3）逻辑控制。

使用嵌套循环实现动态规划算法。

条件语句和返回值处理布尔逻辑。

2. 算法知识

（1）动态规划。

通过二维数组记录子问题解，解决最长公共子序列（LCS）问题。

状态转移代码：

```
if (x[i-1] == y[j-1]) {
    v[i][j] = v[i-1][j-1] + 1;
} else {
    v[i][j] = max(v[i-1][j], v[i][j-1]);
}
```

（2）字符串旋转变位判断。

拼接字符串的技巧，通过 x + x 包含所有旋转后的形式。

【编程魔法师讲解考点】

一、动态规划：最长公共子序列问题

动态规划是一种解决复杂问题的强大工具，核心思想是将问题拆分为子问题，记录每个子问题的解，避免重复计算。最长公共子序列（LCS）问题是动态规划的经典应用。

1. LCS 的定义与动态规划实现

（1）问题描述。

给定两个字符串 x 和 y，找到它们的最长公共子序列的长度。

公共子序列是指字符顺序保持一致，但不要求连续的子序列。

（2）算法逻辑。

用二维数组 v[i][j] 表示 x 的前 i 个字符与 y 的前 j 个字符的最长公共子序列长度。

状态转移代码：

```
if (x[i-1] == y[j-1]) {
    v[i][j] = v[i-1][j-1] + 1;
} else {
    v[i][j] = max(v[i-1][j], v[i][j-1]);
}
```

初始化：v[0][j] = 0 和 v[i][0] = 0，表示空字符串与任意字符串的 LCS 长度为 0。

结果：v[m][n] 为最终解，其中 m=x.size(),n=y.size()。

（3）实现分析讲解。

在程序中：

```
vector<vector<int>> v(m+1, vector<int>(n+1, 0));
for (int i = 1; i <= m; i++) {
    for (int j = 1; j <= n; j++) {
        if (x[i-1] == y[j-1]) {
            v[i][j] = v[i-1][j-1] + 1;
        } else {
            v[i][j] = max(v[i-1][j], v[i][j-1]);
        }
    }
}
```

二维数组 v 存储了所有子问题的解。

if (x[i-1] == y[j-1]) 表示当前字符匹配时，子序列长度加 1；否则，取删除当前字符后两种情况的最大值。

二、字符串旋转变位的判断技巧

本题的第二部分涉及如何判断两个字符串是否是旋转变位，技巧核心在于：

（1）拼接字符串 x+x。

（2）判断 y 是否为 x+x 的子序列，且长度与 y 相等。

逻辑分析讲解：
（1）如果 y 是 x 的旋转变位，则 y 必然是 x+x 的一个连续子串。
（2）拼接 x+x 包含了所有旋转形式。例如：
x="abc"，则 x+x="abcabc"x + x = "abcabc"。
旋转变位包括 "bca" 和 "cab"，都可以在 "abcabc" 中找到。
程序实现中，f(x + x, y) 检查 y 是否为 x+x 的子序列，结合 y.size() 确保长度一致。

### 三、STL 容器的边界与下标越界问题

STL 容器（如 vector）对下标访问有严格的范围要求。
访问越界会导致运行时错误，程序非正常退出。

```
vector<int> v(10, 0);        // 下标范围为 0 到 9
v[10] = 1;                   // 越界访问，程序会异常终止
```

在本题中：
替换 v[m][n] 为 v[n][m] 时，如果 m≠n，可能访问未定义的元素，导致越界。
结论：二维数组下标越界可能导致程序非正常退出。

## 第 3 题

```
01  include <iostream>
02  include <cmath>
03  using namespace std;
04
05  int solve1(int n) {
06      return n * n;
07  }
08
09  int solve2(int n) {
10      int sum = 0;
11      for (int i = 1; i <= sqrt(n); i++) {
12          if(n % i == 0) {
13              if(n/i == i) {
14                  sum += i*i;
15              } else {
16                  sum += i*i + (n/i)*(n/i);
17              }
18          }
19      }
20      return sum;
21  }
22
23  int main() {
24      int n;
25      cin >> n;
26      cout<<solve2(solve1(n))<<" "<<solve1(solve2(n))<< endl;
27      return 0;
28  }
```

**【考点识别】**

入门级 | 2. C++ 程序设计 | 2.5 数学库常用函数【3】平方根计算

入门级 | 4. 算法 | 4.2 数学基础算法【2】枚举与因子求解

入门级 | 5. 数学 | 5.2 初等数学【1】整数因子的性质与计算

入门级 | 4. 算法 | 4.1 算法概念与描述【2】嵌套函数调用与结果递推

**【程序详细分析】**

1. 功能说明

该程序实现了两个主要功能：

　　函数 solve1：计算输入整数的平方。

　　函数 solve2：计算输入整数的所有因子的平方和。

　　程序读取一个整数 n，通过嵌套调用 solve1 和 solve2，分别计算两种嵌套组合的结果并输出。

2. 程序块：函数 solve1

```
05  int solve1(int n) {
06      return n * n;
07  }
```

功能：计算并返回输入整数的平方。

逻辑：直接返回 $n^2$。

3. 程序块：函数 solve2

```
09  int solve2(int n) {
10      int sum = 0;
11      for (int i = 1; i <= sqrt(n); i++) {
12          if (n % i == 0) {
13              if (n / i == i) {
14                  sum += i * i;
15              } else {
16                  sum += i * i + (n / i) * (n / i);
17              }
18          }
19      }
20      return sum;
21  }
```

功能：计算输入整数的所有因子的平方和。

逻辑：

遍历所有可能的因子 $i$（从 1 到 $\sqrt{n}$）。

如果 n%i==0n，说明 i 是 n 的因子。

当 $i$ 和 $n/i$ 是同一个数（即 $i=\sqrt{n}$），只加一次平方；否则分别加上 $i^2$ 和 $(n/i)^2$。

例如：n=12，因子为 1,2,3,4,6,12，平方和为 $1^2+2^2+3^2+4^2+6^2+12^2=210$。

4. 程序块：主函数

```
23  int main() {
24      int n;
```

```
25      cin >> n;
26      cout << solve2(solve1(n)) << " " << solve1(solve2(n)) << endl;
27      return 0;
28  }
```

功能：接收用户输入整数 n，计算并输出以下两种结果：

　　solve2(solve1(n))：对 n2n^2 计算因子平方和。

　　solve1(solve2(n))：对 n 的因子平方和取平方。

例如：

输入 n=2：

　　solve1(n)=$2^2$=4

　　solve2（4）=$1^2$+$2^2$+$4^2$=21

　　solve2(n)=$1^2$+$2^2$=5

　　solve1（5）=$5^2$=25

输出：21 25

### 判断题

1. 如果输入的 n 为正整数，solve2 函数的作用是计算 n 所有的因子的平方和。（　　）

【分析讲解】

solve2 的作用是遍历 n 的所有因子，并计算它们的平方和。

在循环中，$i$ 遍历从 1 到 $\sqrt{n}$。

当 n%i==0 时：

　　如果 $i$ 和 $n/i$ 是不同的因子（如（$n=12, i=2, n/i=6$）），分别计算平方并相加。

　　如果 $i$ 和 $n/i$ 是相同的因子（如（$n=16, i=4$）），只计算一次平方。

因此，solve2 的确计算了 $n$ 所有因子的平方和。

【参考答案】

正确（✓）

2. 第 13～14 行的作用是避免 n 的平方根因子（或 n/i）进入第 16 行而被计算两次。（　　）

【分析讲解】

当 $i=\sqrt{n}$，此时 $n/i=i$，表示 $i$ 是 $n$ 的平方根因子。

　　如果直接执行第 16 行，平方根因子会被计算两次（例如 $n$=16, $i$=4 会导致 $4^2+4^2$）。

　　为了避免重复计算，第 13～14 行单独处理平方根因子，确保它只计算一次平方。

【参考答案】

正确（✓）

3. 如果输入的 n 为质数，solve2(n) 的返回值为 n2+1。（　　）

【分析讲解】

质数 $n$ 的因子只有 1 和 $n$ 本身。

　　n=p（质数），因子为 1 和 p。

因子的平方和：返回值 =$1^2+p^2$

例如：

当 $n=5$：返回值为 $1+5^2=26$。

当 $n=7$：返回值为 $1+7^2=50$。

因此，对于质数 $n$，返回值总是 $n^2+1$。

**【参考答案】**

正确（✓）

**选择题**

4. 如果输入的 n 为质数 p 的平方，那么 solve2(n) 的返回值为（　　）。

A. $p^2 + p + 1$　　　　B. $n^2 + n + 1$　　　　C. $n^2 + 1$　　　　D. $p^4 + 2p^2 + 1$

**【分析讲解】**

当 $n=p^2$，$n$ 的因子为 $1, p, p^2$。

solve2(n) 计算因子的平方和：返回值 $=1^2+p^2+(p^2)^2=1+p^2+p^4$

例如：

当 $p=2$，$n=4$，返回值为 $1+4+16=21$。

当 $p=3$，$n=9$，返回值为 $1+9+81=91$。

因此，返回值为 $p^4+2p^2+1$。

**【参考答案】**

D. $p^4 + 2p^2 + 1$

5. 当输入为正整数时，第一项减去第二项的差值一定（　　）。

A. 大于或等于 0　　　　　　　　　　　　B. 大于或等于 0 且不一定大于 0

C. 小于 0　　　　　　　　　　　　　　　D. 小于或等于 0 且不一定小于 0

**【分析讲解】**

主函数中，输出第一项和第二项：

第一项：solve2(solve1(n)) 计算 $n^2$ 的因子的平方和。

第二项：solve1(solve2(n)) 对 n 的因子平方和取平方。

考虑两种情况：

对较小的 $n$：例如 $n=1$，两项相等，差值为 0。

对较大的 $n$：第一项可能小于第二项（因子平方和的平方增长更快）。

因此，差值可能小于或等于 0。

**【参考答案】**

D. 小于或等于 0 且不一定小于 0

6. 当输入为"5"时，输出为（　　）。

A. "651 625"　　　　B. "650 729"　　　　C. "651 676"　　　　D. "652 625"

**【分析讲解】**

输入 n=5，主函数计算如下：

第一项：solve2(solve1(5))：

solve1(5) = $5^2$ = 25。

$\text{solve2}(25) = 1^2 + 5^2 + 25^2 = 1 + 25 + 625 = 651$。

第二项：solve1（solve2（5））：

$\text{solve2}(5) = 1^2 + 5^2 = 1 + 25 = 26$。

$\text{solve1}(26) = 26^2 = 676$。

输出为"651 676"。

**【参考答案】**

C."651 676"

**【题目总结】**

1. C++ 程序设计

数学函数与算法实现：

使用 sqrt 函数求平方根，优化因子枚举范围。

模块化函数设计，分别实现平方计算（solve1）和因子平方和计算（solve2）。

2. 算法知识

（1）优化枚举的数学技巧。

因子的枚举范围从 1 到 $\sqrt{n}$，避免重复计算（如因子 $i$ 和 $n/i$）。

特殊因子的单独处理（平方根因子只计算一次平方）。

（2）数学推导与计算逻辑。

对整数因子进行平方计算并累加。

嵌套函数调用的逻辑顺序与结果递推。

3. 特殊整数的性质

对于质数，因子仅为 1 和本身。

**【编程魔法师讲解考点】**

在编程中，因子的计算是一个常见但容易被忽视的数学问题。这道题的核心是因子枚举、平方和计算，以及嵌套函数调用的灵活性。让我们逐步拆解背后的逻辑与技巧。

一、为什么只需要枚举到 $\sqrt{n}$

1. 因子对的对称性

整数 $n$ 的因子总是成对出现，例如 $n=12$：(1,12),(2,6),(3,4)。

每个因子对中，较小的那个一定小于或等于 $\sqrt{n}$，较大的那个一定大于 $\sqrt{n}$。因此，只需要枚举 1 到 $\sqrt{n}$，通过计算 $n/i$ 来找到对应的因子。

2. 平方数的特殊性

当 $n$ 是平方数时，例如 $n=16$，平方根 $\sqrt{n}$ 本身是一个特殊因子，会重复出现。因此，需要单独处理平方根因子。

编程中，我们利用以下逻辑避免重复：

```
if (n / i == i) {
    sum += i * i;                          // 平方根因子只加一次平方
} else {
    sum += i * i + (n / i) * (n / i);      // 其他因子对分别加平方
}
```

## 二、如何利用嵌套函数实现递推

### 1. 模块化设计

solve1 和 solve2 是两个功能单一的函数：

  solve1：简单地计算平方，快速返回结果。

  solve2：复杂地计算因子的平方和，涉及数学技巧。

通过嵌套调用，例如 solve2(solve1(n))，可以将这两个函数的功能结合起来。嵌套调用具有以下优势。

（1）清晰逻辑：每个函数负责一个独立的计算任务，易于维护和理解。

（2）递推计算：嵌套调用形成链式处理。

例如：

  solve2(solve1(n))：先计算平方，再对结果计算因子平方和。

  solve1(solve2(n))：先计算因子平方和，再对结果取平方。

## 三、复杂度分析与优化

### 1. 优化因子枚举

直接枚举 1 到 $n$ 的所有因子，时间复杂度是 $O(n)$。优化为只枚举 1 到 $\sqrt{n}$，时间复杂度降为 $O(\sqrt{n})$。

### 2. 嵌套调用的复杂度

对于 solve2(solve1(n))，其复杂度为：

  计算平方 $O(1)$。

  枚举平方结果的因子（假设平方值为 $m$，复杂度为 $O(\sqrt{m})$）。

# 3.3 CSP-J 第一轮程序阅读模拟题

### 第 1 题

```cpp
include<iostream>
using namespace std;

                                            // 判断是否为素数
bool isPrime(int n) {
    if (n <= 1) return false;
    for (int i = 2; i * i <= n; i++) {
        if (n % i == 0) return false;
    }
    return true;
}

                                            // 统计范围内素数的个数
int countPrimes(int n) {
    int count = 0;
```

```
        for (int i = 2; i <= n; i++) {
            if (isPrime(i)) count++;
        }
        return count;
    }

                                        // 计算范围内素数的总和
    int sumPrimes(int n) {
        int sum = 0;
        for (int i = 2; i <= n; i++) {
            if (isPrime(i)) sum += i;
        }
        return sum;
    }

    int main() {
        int x;
        cin >> x;
        cout << countPrimes(x) << " " << sumPrimes(x) << endl;
        return 0;
    }
```

**判断题**

1. 输入 15 时，countPrimes(15) 的输出为 6。（     ）
2. 如果将 isPrime 函数中的条件改为 i <= n / 2，程序仍然能正确判断素数。（     ）
3. sumPrimes 函数所求的总和只包括奇数。（     ）

**选择题**

4. 输入 30 时，sumPrimes(30) 的输出是（     ）。

A. 129　　　　　　B. 130　　　　　　C. 1292　　　　　　D. 198

5. 如果 isPrime 函数的返回值总是 true，输入 10 时的输出是（     ）。

A. 0 0　　　　　　B. 10 55　　　　　　C. 8 28　　　　　　D. 9 45

## 第 2 题

```
include <iostream>
include <vector>
include <algorithm>
using namespace std;

int compute(vector<int>& cost) {
    int n = cost.size();
    vector<int> dp(n + 1, 0);
    dp[1] = cost[0];
    for (int i = 2; i <= n; i++) {
        dp[i] = min(dp[i 1], dp[i 2]) + cost[i 1];
    }
    return min(dp[n], dp[n 1]);
}
```

```
int main() {
    int n;
    cin >> n;
    vector<int> cost(n);
    for (int i = 0; i < n; i++) {
        cin >> cost[i];
    }
    cout << compute(cost) << endl;
    return 0;
}
```

**判断题**

1. 如果输入 cost = {1, 2, 3, 4}，程序的输出为 4。（      ）
2. 将 min(dp[i 1], dp[i 2]) 改为 dp[i 1] + dp[i 2]，程序可能无法正常运行。（      ）
3. 程序始终输出 cost 数组中所有元素的总和。（      ）

**选择题**

4. 输入 cost = {10, 15, 20}，程序的输出是（      ）。
A. 10          B. 15          C. 30          D. 25

5. 修改 dp[i] = min(dp[i 1], dp[i 2]) + cost[i 1] 为 dp[i] = dp[i 1] + cost[i 1]，输入 cost = {5, 10, 15}，程序的输出是（      ）。
A. 25          B. 20          C. 30          D. 10

6. 程序的输出是否总是 cost 数组中最小元素的倍数（      ）。
A. 是          B. 否          C. 只有当数组元素单调递增时          D. 无法确定

### 第 3 题

```
include <iostream>
include <cmath>
using namespace std;

int customFunction(int a, int b) {
    if (b == 0) {
        return a;
    }
    return a + customFunction(a, b 1);
}

int main() {
    int x, y;
    cin >> x >> y;
    int result = customFunction(x, y);
    cout << pow(result, 2) << endl;
    return 0;
}
```

**判断题**

1. 如果输入 3 2，则 customFunction(3, 2) 的返回值为 9。（      ）

2. 当 b 的值为负数时，程序会陷入无限递归。（　　）
3. 程序使用递归实现了 x 和 y 的乘积，并输出结果的平方。（　　）

选择题

4. 如果输入 4 3，程序的输出是（　　）。
A. 36　　　　　　B. 64　　　　　　C. 144　　　　　　D. 256

5. 修改 customFunction 的递归公式为 return a + customFunction(a 1, b 1)，输入 3 3 时，程序的输出为（　　）。
A. 25　　　　　　B. 36　　　　　　C. 49　　　　　　D. 64

6. 如果将 pow(result, 2) 替换为 result * result * result，输入 2 3 时，程序的输出是（　　）。
A. 64　　　　　　B. 216　　　　　　C. 512　　　　　　D. 729

# 第4章　CSP-J程序完善真题讲解

## 4.1　2024 年 CSP-J 第一轮完善程序题

**第 1 题**

问题：给定一个正整数 $n$，判断这个数是不是完全平方数，即存在一个正整数 $x$ 使得 $x$ 的平方等于 $n$。试补全程序。

```
include<iostream>
include<vector>
using namespace std;
bool isSquare(int num){
    int i=   ①   ;
    int bound=   ②   ;
    for(;i<=bound;++i){
        if(   ③   ){
            return   ④
        }
    }
    return   ⑤   ;
}
int main(){
    int n;
    cin>>n;
    if(isSquare(n)){
        cout<<n<<" is a Square number"<<endl;
    }
    else{
        cout<<n<<" is not a Square number"<<endl;
    }
}
```

【考点识别】

入门级 |2. C++ 程序设计 |2.2 基本数据类型 |【1】整数型：int

　　　　　　　　　　　|2.3 程序基本语句 |【2】for 语句、if 语句、多层条件语句

　　　　　　　　　　　|2.5 数学库常用函数 |【3】平方根函数 sqrt()

　　　　　　　　　　　|2.6 结构化程序设计 |【1】顺序结构、分支结构和循环结构

　　　　　　　　　　　|2.9 函数与递归 |【2】函数定义与调用、形参与实参

【程序详细分析】

1. 功能说明

此程序的功能是判断给定的正整数 n 是否是完全平方数，即检查是否存在一个整数 x 使得 $x^2 = n$。

2. 代码块逐行分析讲解

```
bool isSquare(int num){
```

功能：定义一个函数 isSquare，判断整数 num 是否是完全平方数。

参数：

num：需要判断的正整数。

```
    int i = ① ;
```

位置①：表示起始检查的数值，应填 1，因为最小的完全平方数为 $1^2 = 1$。

```
    int bound = ② ;
```

位置②：表示检查范围的上界，应该填 sqrt(num)（即 bound =（int）sqrt(num)），因为只需要检查到平方根的整数部分即可。

```
    for(; i <= bound; ++i){
```

功能：使用 for 循环，从 i = 1 到 i = bound，逐一检查当前数是否为完全平方数。

```
        if( ③ ){
```

位置③：检查条件，应填 i * i == num，用于判断当前数的平方是否等于目标值。

```
            return ④ ;
```

位置④：当找到一个满足条件的 i 时，应该返回 true，表示该数是完全平方数。

```
    return ⑤ ;
```

位置⑤：如果遍历结束仍未找到满足条件的 i，返回 false，表示该数不是完全平方数。

```
int main(){
    int n;
    cin >> n;
```

功能：主函数中读取用户输入的正整数 n。

```
if(isSquare(n)){
    cout << n << " is a Square number" << endl;
}
else{
    cout << n << " is not a Square number" << endl;
}
```

功能：调用 isSquare 函数，根据返回值输出是否为完全平方数。

3. 总结

该程序通过循环遍历的方式，判断是否存在某个整数 i，使得 $i^2 = n$。通过使用平方根作为遍历范围，显著减少了无效检查的次数，提高了效率。

1. ①处应填（　　）。

A. 1　　　　　　　B. 2　　　　　　　C. 3　　　　　　　D. 4

【分析讲解】

在 int i = ①; 中，起始值表示从哪个整数开始进行平方检查。平方数的最小值为 $1^2 = 1$，因此起始值应为 1。

【参考答案】

A. 1

2. ②处应填（　　）。

A. (int)floor(sqrt(num)-1)　　　　　B. (int)floor(sqrt(num))

C. floor(sqrt(num/2))-1　　　　　　D. floor(sqrt(num/2))

【分析讲解】

变量 bound 是循环的上界，它表示需要检查到的最大整数值。为了提高效率，循环只需要遍历到 (text{sqrt}(num)) 的整数部分即可。因此，应该填 (int)floor(sqrt(num))。

【参考答案】

B. (int)floor(sqrt(num))

3. ③处应填（　　）。

A. num=2*i　　　B. num==2*i　　　C. num=i*i　　　D. num==i*i

【分析讲解】

这里需要检查当前数 i 是否是目标数 num 的平方。因此，条件应为 i * i == num，即 num == i * i。

【参考答案】

D. num=i*i

4. ④处应填（　　）。

A. num=2*i　　　B. num==2*i　　　C. true　　　D. false

【分析讲解】

如果找到满足条件 $i^2 = n$ 的整数，则直接返回 true，表示这个数是完全平方数。

【参考答案】

C. true

5. ⑤处应填（　　）。

A. num=i*i　　　B. num!=2*i　　　C. true　　　D. false

【分析讲解】

如果遍历完所有可能的整数后，仍未找到符合条件的 (i)，则函数应返回 false，表示这个数不是完全平方数。

【参考答案】

D. false

【本题总结】

本题考查要点：

1. 数学运算

使用平方根函数 sqrt() 处理整数的数学问题。

基于数学特性，减少循环次数，提高效率。

2. 循环结构与条件判断

使用 for 循环实现范围内的枚举。

使用条件语句 if 判断平方是否等于给定数值。

3. 函数的定义与调用

理解函数的定义结构、参数传递和返回值处理。

4. 逻辑运算与返回值

通过布尔值的返回，区分正数是否符合条件。

【编程魔法师讲解考点】

本题涉及的考点涵盖数学运算、循环与条件判断、函数定义与调用等内容。接下来，详细讲解这些考点。

1. 数学运算：平方根函数的使用

在程序中，需要判断一个正整数 $n$ 是否是完全平方数。直接暴力枚举所有可能的整数显然效率低下，因此引入了数学库函数 sqrt()。

（1）sqrt() 函数的作用。可以计算一个非负数的平方根。例如，sqrt(25) 返回 5，表示 $5^2 = 25$。

（2）为何使用平方根限制遍历范围。完全平方数 $n$ 满足条件 $i^2 = n$。因此，整数 $i$ 的最大可能值是 sqrt(n)。限制循环范围到 sqrt(n) 可以显著提升效率。

（3）小技巧。如果需要整数结果，可以用 (int)sqrt(num) 将结果取整。

2. 循环结构与条件判断

在程序中，使用了 for 循环和 if 条件语句。

（1）for 循环。for 循环适用于确定范围的遍历。在本题中，循环从 1 开始，到平方根为止，逐个检查每个数字 (i)。

```
for(int i = 1; i <= bound; ++i){
    if(i * i == num){
        return true;
    }
}
```

这段代码表示：只要找到一个数 $i$ 满足 $i^2 = $ num，就返回 true。

（2）if 条件语句。条件语句用来判断是否满足条件。在这里，if(i * i == num) 是判断当前数字是否为平方根。

3. 函数的定义与调用

函数是程序的重要组成部分，它让代码更加模块化、可复用。

（1）函数结构：

```
bool isSquare(int num){
    // 函数逻辑
}
```

返回值类型：bool，表示返回布尔值 true 或 false。
参数：int num，输入的整数。
逻辑：函数检查输入值是否为完全平方数，并返回判断结果。
（2）函数调用：

```
if(isSquare(n)){
    cout << n << " is a Square number" << endl;
}
```

调用 isSquare 函数，将用户输入的 n 作为参数传递进去，返回值决定输出的内容。

4. 布尔值的逻辑运算

布尔值 true 和 false 是程序中的逻辑判断结果。

（1）逻辑：找到一个符合条件的 (i)，立即返回 true；如果遍历结束未找到，返回 false。

（2）作用：返回值控制主函数中的输出逻辑。通过 if 判断返回值，输出是完全平方数还是非完全平方数。

### 第 2 题

汉诺塔问题：给定三根柱子，分别标记为 A、B 和 C。初始状态下，柱子 A 上有若干圆盘，这些圆盘从上到下按从小到大的顺序排列。任务是将这些圆盘全部移到柱子 C 上，且必须保持原有顺序不变。在移动过程中，需要遵守以下规则：

（1）只能从一根柱子的顶部取出圆盘，并将其放入另一根柱子的顶部。

（2）每次只能移动一个圆盘。

（3）小回盘必须始终在大回盘之上。

试补全以下程序。

```
include <bits/stdc++.h>
using namespace std;
void move(char src, char tgt){
    cout <<" 从柱子 "<< src <<" 挪到柱子上 "<<tgt<< endl;
}

void dfs(int i, char src, char tmp, char tgt){
    if(i== ① ){
        move( ② );
        return;
    }
    dfs(i-1, ③ );
    move(src, tgt);
    dfs( ⑤ , ④ );
}
int main() {
    int n;
    cin >>n;
    dfs(n, 'A', 'B', 'C');
}
```

## 【考点识别】

入门级 |2. C++ 程序设计 |2.3 程序基本语句 | 【2】if 语句、多层条件语句
　　　　　　　　　　|2.9 函数与递归 | 【2】函数定义与调用、形参与实参、递归函数

## 【程序详细分析】

1. 功能说明：

程序实现经典的汉诺塔问题，通过递归方法，将圆盘从柱子 A 移动到柱子 C，并保持圆盘的顺序不变。

2. 代码块分析讲解

```
void move(char src, char tgt) {
    cout << "从柱子" << src << "挪到柱子上" << tgt << endl;
}
```

功能：定义一个函数 move，用于打印单个移动操作的过程。
参数：src 表示移动的起点柱子；tgt 表示移动的目标柱子。

```
void dfs(int i, char src, char tmp, char tgt) {
    if(i == (1) ){
        move( (2) );
        return;
    }
    dfs(i-1, (3) );
    move(src, tgt);
    dfs(   (5)   ,   (4)   );
}
```

功能：dfs 函数用于通过递归实现汉诺塔问题的求解。
参数：i 表示当前要移动的圆盘数；src 表示起点柱子；tmp 表示中间过渡柱子；tgt 表示目标柱子。
以下为主要步骤。
第一步：终止条件。

```
if(i == ① ){
    move( ② );
    return;
}
```

当只有一个圆盘需要移动时，直接从 src 挪到 tgt。
位置①应填 1，表示最小问题规模。
位置②应填 src, tgt，表示从 src 挪到 tgt。
第二步：递归过程。
（1）将 i-1 个圆盘从 src 挪到 tmp：

```
dfs(i-1,  ③ );
```

位置③应填 src, tgt, tmp。
（2）第 i 个圆盘从 src 挪到 tgt：

```
move(src, tgt);
```

（3）将 i-1 个圆盘从 tmp 挪到 tgt：

```
dfs(    ⑤    ,    ④    );
```

位置⑤应填 i-1，表示剩余圆盘数量递减。

位置④应填 tmp, src, tgt。

```
int main() {
    int n;
    cin >> n;
    dfs(n, 'A', 'B', 'C');
}
```

功能：从主函数中读取输入的圆盘数量 (n)，调用 dfs 函数求解汉诺塔问题。

输出：打印每一步移动的具体操作。

1. ①处应填（　　）。

A. 0　　　　　　　B. 1　　　　　　　C. 2　　　　　　　D. 3

【分析讲解】

在递归函数 dfs 中，终止条件是只有一个圆盘时直接移动。即 if(i == (1)) 判断当前的圆盘数是否为 1。如果是 1，直接调用 move 函数，不再递归。因此，①处应填 1。

【参考答案】

B. 1

2. ②处应填（　　）。

A. src, tmp　　　B. src, tgt　　　C. tmp, tgt　　　D. tgt, tmp

【分析讲解】

当只有一个圆盘时，直接从 src 移动到 tgt，无须借助中间柱子 tmp。调用 move 函数时，参数分别表示起点柱子和目标柱子。因此，②处应填 src, tgt。

【参考答案】

B. src, tgt

3. ③处应填（　　）。

A. src, tmp, tgt　　B. src, tgt, tmp　　C. tgt, tmp, src　　D. tgt, src, tmp

【分析讲解】

递归的第一步是将 i-1 个圆盘从起点柱子 src 移动到中间柱子 tmp，目标柱子暂时作为过渡柱子 tgt。因此，递归调用时的参数顺序是 src, tgt, tmp。

【参考答案】

B. src, tgt, tmp

4. ④处应填（　　）。

A. src, tmp, tgt　　B. tmp, src, tgt　　C. src, tgt, tmp　　D. tgt, src, tmp

【分析讲解】

递归的最后一步是将 i-1 个圆盘从中间柱子 tmp 移动到目标柱子 tgt，此时起点柱子 src 作为过渡柱子。因此，递归调用时的参数顺序是 tmp, src, tgt。

【参考答案】

B. tmp, src, tgt

5.⑤处应填（　　）。

A. 0　　　　　　　　B. 1　　　　　　　　C. i-1　　　　　　　　D. i

【分析讲解】

在递归过程中，每次移动 i-1 个圆盘时，递归调用的圆盘数量需要减少 1。因此，递归调用时传入的圆盘数量参数为 i-1。

【参考答案】

C. i-1

【本题总结】

本题考查如下要点。

（1）递归思想与实现：

递归的分解与终止条件。

通过自调用解决子问题。

（2）函数调调用：

理解函数的定义与调用。

参数的传递与顺序控制。

（3）C++ 基础语法：

if 条件语句。

cout 输出函数。

【编程魔法师讲解考点】

一、递归思想与实现

递归是一种编程技巧，它让函数调用自身来解决问题。递归的核心在于：

1. 缩小规模

将问题分解成一个或多个规模更小的子问题。

2. 终止条件

当问题规模缩小到无法再分解时，直接返回结果。

3. 本题递归逻辑

将 n 个圆盘从 src 挪到 tgt，需要分三步：

（1）把 n-1 个圆盘从 src 挪到 tmp（过渡柱子）。

（2）把第 n 个圆盘从 src 挪到 tgt。

（3）把 n-1 个圆盘从 tmp 挪到 tgt。

二、函数调用

1. 函数的基本结构

```
返回值类型 函数名（参数列表）{
    函数体；
    return 返回值；
}
```

函数能够分离逻辑、提高代码复用性。

函数的调用方式需要正确传递参数。

2. 本题中的函数

move 函数：负责打印单个圆盘的移动操作。参数 src 和 tgt 是起点和目标柱子的标识。

dfs 函数：核心递归函数，通过参数传递柱子标识、圆盘数量（i），分解问题并控制逻辑。

### 三、分治算法思想

1. 分治算法的基本过程

分治法是一种经典的算法设计思想，其基本过程包括：

（1）分解：将问题分解为多个子问题。

（2）解决：递归解决每个子问题。

（3）合并：将子问题的解组合为原问题的解。

2. 汉诺塔的分治结构

（1）分解：把 n 个圆盘问题分解为：

把 n-1 个圆盘从 src 挪到 tmp。

把第 n 个圆盘从 src 挪到 tgt。

把 n-1 个圆盘从 tmp 挪到 tgt。

（2）解决：递归调用 dfs 函数解决。

（3）合并：通过每步移动的打印操作，最终形成完整的移动方案。

## 4.2　2023 年 CSP-J 第一轮完善程序题

### 第 1 题

寻找被移除的元素问题：原有长度为 $n+1$、公差为 1 的等差升序数列；将数列输入到程序的数组时移除了一个元素，导致长度为 $n$ 的升序数组可能不再连续，除非被移除的是第一个或最后一个元素。需要在数组不连续时，找出被移除的元素。

试补全以下程序。

```
01 include <iostream>
02 include <vector>
03
04 using namespace std;
05
06 int find_missing(vector<int>& nums) {
07     int left = 0, right = nums.size() 1;
08     while (left < right) {
09         int mid = left + (right left) / 2;
10         if (nums[mid] == mid + ①) {
11             ②
```

```
12            } else {
13                ③
14            }
15        }
16        return ④
17 }
18
29 int main() {
20     int n;
21     cin >> n;
22     vector<int> nums(n);
23     for(int i = 0; i < n; i++)cin >> nums[i];
24     int missing_number = find_missing(nums);
25     if (missing_number == ⑤) {
26         cout << "Sequence is consecutive" << endl;
27     } else {
28         cout << "Missing number is " << missing_number << endl;
29     }
30     return 0;
31 }
```

【考点识别】

入门级 | C++ 程序设计 | 数组 |【1】数组与数组下标、数组的读入与输出
             | 程序基本语句 |【2】if 语句、while 语句
             | 基础算法 |【1】枚举法、模拟法

【程序详细分析】

1. 功能说明

此程序的主要功能是：

（1）在一个去掉一个元素的等差数列中，利用二分法高效地找出缺失的元素。

（2）如果等差数列仍然连续（缺失的是第一个或最后一个元素），则返回提示信息"Sequence is consecutive"。

2. 代码逐行分析

```
include <iostream>
include <vector>
```

功能：引入标准输入输出流（iostream）和动态数组容器 vector 的支持。
目的：用于处理输入和存储数列数据。

```
using namespace std;
```

使用标准命名空间，简化标准库函数和对象的调用。

```
int find_missing(vector<int>& nums) {
```

功能：定义函数 find_missing，用以查找缺失的元素。
参数：nums 是引用传递的整数向量，表示当前输入的等差数列。

```
int left = 0, right = nums.size() -1;
```

99

功能：初始化二分搜索的范围。
left 是搜索起始位置索引，right 是搜索结束位置索引。

```
while (left < right) {
```
功能：二分搜索的主循环，持续运行直到 left 和 right 重合。
条件：left < right，即搜索范围必须有效。

```
int mid = left + (right - left) / 2;
```
功能：计算中间位置索引。
优点：避免 (left + right) / 2 可能导致的整数溢出。

```
if (nums[mid] == mid + ①) {
```
功能：判断 nums[mid] 是否符合等差数列的特性。
解释：nums[mid] 表示当前索引处的元素值；mid + nums[0] 是等差数列中对应的理论值。
①处：应填入 nums[0]。

```
left = mid + nums[0];
```
功能：若 nums[mid] 满足等差数列的规律，说明缺失元素在右半部分，更新 left 指针。
作用：缩小搜索范围到右侧子数组。
解释：此语句填充②。

```
right = mid+1;
```
功能：若 nums[mid] 不满足等差数列的规律，说明缺失元素在左半部分，更新 right 指针。
作用：缩小搜索范围到左侧子数组。
解释：此语句填充③。

```
return left + 1;
```
功能：当搜索范围缩小到单个元素时，计算出缺失的元素。
原因：根据等差数列的规律，缺失值应等于 left 索引加 1。
解释：此语句填充④。

```
int n;
cin >> n;
```
功能：从用户输入读取整数 n，表示当前数列的实际长度。

```
vector<int> nums(n);
for (int i = 0; i < n; i++) cin >> nums[i];
```
功能：初始化动态数组 nums，并从用户输入填充数据。
输入格式：用户按顺序输入 n 个整数。

```
int missing_number = find_missing(nums);
```
功能：调用 find_missing 函数，获取缺失的元素。

```
if (missing_number == ⑤) {
```

功能：判断是否缺失的是等差数列的最后一个元素。

⑤处：应填入 nums[n-1]。

```
cout << "Sequence is consecutive" << endl;
```

功能：若数列连续（无缺失中间元素），输出提示信息。

```
cout << "Missing number is " << missing_number << endl;
```

功能：若数列不连续，输出缺失的数字。

3. 功能总结

（1）通过二分法高效定位被移除的元素，时间复杂度为 $O(\log n)$。

（2）检查数列是否连续，若连续，则直接输出提示。

1. ①处应该填（　　）。

A. 1　　　　　　　B. nums[0]　　　　　　C. right　　　　　　D. left

【分析讲解】

等差数列中，每个元素的值等于其索引加上数列的起始值。

nums[mid] == mid + nums[0] 是等差数列中当前元素与起始元素的对应关系。

【正确答案】

B. nums[0]

2. ②处应该填（　　）。

A. left = mid + 1　　　B. right = mid – 1　　　C. right = mid　　　D. left = mid

【分析讲解】

当 nums[mid] 满足规律时，缺失的元素必然在右半部分。

此时更新左指针为 mid + 1，继续向右搜索。

【正确答案】

A. left = mid + 1

3. ③处应该填（　　）。

A. left = mid + 1　　　B. right = mid – 1　　　C. right = mid　　　D. left = mid

【分析讲解】：

当 nums[mid] 不满足规律时，说明缺失的元素在左半部分。

此时更新右指针为 mid，缩小搜索范围到左侧子数组。

【正确答案】

C. right = mid

4. ④处应该填（　　）。

A. left = nums[0]　　　B. right + nums[0]　　　C. mid + nums[0]　　　D. right + 1

【分析讲解】

当搜索范围缩小到单个位置时，缺失的元素可以通过直接访问 left 计算得出。

缺失值为 left 对应的理论值，通过等差数列公式 nums[0] + left 计算。

**【正确答案】**

A. left + nums[0]

5. ⑤处应该填（　　）。

A. nums[0]+n　　　　B. nums[0]+n-1　　　　C. nums[0]+n+1　　　　D. nums[n-1]

**【分析讲解】**

若缺失的是最后一个元素，则 missing_number 应等于数列的最后一个值。

最后一个元素的值是数组的最后一个元素 nums[n-1]，因此检查 missing_number 是否等于它。

**【正确答案】**

D. nums[n-1]

**【本题总结】**

（1）数组与下标：理解数组中元素与其索引的关系，如何利用索引计算等差数列的元素值。

（2）二分查找法：掌握二分查找的基本思想，包括如何缩小查找范围及其终止条件。

（3）条件判断与循环控制：在循环中使用条件语句实现特定逻辑（如判定数列是否符合规律）。

（4）等差数列的数学性质：利用数列的公差和起始值推导元素的理论值。

**【编程魔法师讲解考点】**

**一、数组与下标**

数组是一种连续存储数据的结构，允许参赛者通过下标快速访问其中的元素。本题通过 vector 存储等差数列，利用数组下标实现以下操作：

（1）数组元素访问：通过 nums[mid] 获取数组的中间元素。

（2）数组索引与数列规律结合：通过 nums[mid] == mid + nums[0] 判断等差数列的连续性。

（3）高效的循环读取和操作：在 for 循环中按顺序读取输入数据并存储到数组中。

小提示：下标从 0 开始，所以在计算等差数列值时，要注意偏移量，如 mid + nums[0]。

**二、二分查找法**

本题的核心算法是二分查找。它是解决排序问题或有规律数据问题的利器。关键点包括：

（1）原理：在每次查找时，将范围缩小为一半，直到找到目标。

（2）实现：

初始化 left 和 right 边界。

通过 mid = left + (right left) / 2 找到中间位置。

判断中间位置是否符合条件（如是否连续），调整 left 或 right 的值，缩小范围。

（3）终止条件：当 left == right 时，搜索结束。

小提示：二分法的时间复杂度是 $O(\log n)$，对于大规模数据非常高效。

**三、条件判断与循环控制**

条件语句（if-else）和循环语句（while）是构建程序逻辑的重要工具。

（1）条件判断：通过 if 语句判断当前 nums[mid] 是否符合规律，分别调整左右指针。

（2）循环控制：while (left < right) 控制搜索的范围，并保证不会陷入死循环。

小提示：编写条件判断时，要确保逻辑完整，避免遗漏特殊情况。

## 第 2 题

编辑距离问题：给定两个字符串，每次操作可以选择删除（Delete）、插入（Insert）和替换（Replace）字符，求将第一个字符串转换为第二个字符串所需要的最少操作次数。

试补全以下动态规划算法。

```
01  include <iostream>
02  include <string>
03  include <vector>
04  using namespace std;
05
06  int min(int x, int y, int z) {
07      return min(min(x, y), z);
08  }
09
10  int edit_dist_dp(string str1, string str2) {
11      int m = str1.length();
12      int n = str2.length();
13      vector<vector<int>> dp(m + 1, vector<int>(n + 1));
14
15      for (int i = 0; i <= m; i++) {
16          for (int j = 0; j <= n; j++) {
17              if (i == 0)
18                  dp[i][j] = ① ;
19              else if (j == 0)
20                  dp[i][j] = ② ;
21              else if (③)
22                  dp[i][j] = ④ ;
23              else
24                  dp[i][j]=1+min(dp[i][j-1],dp[i-1][j], ⑤);
25          }
26      }
27      return dp[m][n];
28  }
29
30  int main() {
31      string str1, str2;
32      cin >> str1 >> str2;
33      cout << "Mininum number of operation:"
34           << edit_dist_dp(str1, str2) << endl;
35      return 0;
}
```

【考点识别】

入门级 | C++ 程序设计 | 程序基本语句 |【2】if 语句、for 循环语句的应用

　　　　| 算法 | 动态规划 |【1】动态规划的基本思想、【2】利用状态转移方程求解问题、【3】动态规划的多维状态存储和递推

　　　　| 数据结构 | 字符串 |【1】字符串的操作（索引、长度）、【2】字符串比较和匹配问题

### 【程序详细分析】

**1. 功能说明**

该程序使用动态规划算法解决编辑距离问题，即将字符串 str1 转换为字符串 str2 所需的最少操作次数。支持的操作包括插入、删除和替换字符。

**2. 代码逐行分析**

```
int min(int x, int y, int z) {
    return min(min(x, y), z);
}
```

功能：定义一个函数，用于返回三个整数中的最小值。
目的：动态规划转移方程中需要对插入、删除、替换操作进行最小值比较。

```
int edit_dist_dp(string str1, string str2) {
    int m = str1.length();
    int n = str2.length();
    vector<vector<int>> dp(m + 1, vector<int>(n + 1));
```

功能：初始化动态规划的二维数组 dp，大小为 (m+1)×(n+1)，m 和 n 分别表示字符串 str1 和 str2 的长度。
含义：dp[i][j] 表示将 str1[0..i-1] 转换为 str2[0..j-1] 所需的最少操作次数。

```
for (int i = 0; i <= m; i++) {
    for (int j = 0; j <= n; j++) {
```

功能：构造动态规划表。
外层循环遍历 str1 的每个前缀，内层循环遍历 str2 的每个前缀。

```
if (i == 0)
    dp[i][j] = ① ;
```

解释：当 i == 0 时，表示 str1 为空字符串，将其转换为 str2[0..j-1] 需要 j 次插入操作。
①处应填：j。

```
else if (j == 0)
    dp[i][j] = ② ;
```

解释：当 j == 0 时，表示 str2 为空字符串，将 str1[0..i-1] 转换为空字符串需要 i 次删除操作。
②处应填：i。

```
else if (③)
    dp[i][j] = ④ ;
```

解释：当 str1[i-1] == str2[j-1] 时，无须额外操作，直接继承 dp[i-1][j-1]。
③处应填：str1[i-1] == str2[j-1]。
④处应填：dp[i-1][j-1]。

```
else
    dp[i][j] = 1 + min(dp[i][j-1], dp[i-1][j], ⑤);
```

解释：当 str1[i-1] != str2[j-1] 时，需进行一次插入、删除或替换操作，并取最小值。
dp[i][j-1]：插入操作。
dp[i-1][j]：删除操作。
dp[i-1][j-1]：替换操作。
⑤处应填：dp[i-1][j-1]。

```
return dp[m][n];
```

功能：返回将 str1 转换为 str2 的最少操作次数，结果存储在 dp[m][n]。

3. 功能总结

本程序通过二维动态规划表 dp 记录子问题的解，并逐步递推得到最终结果。
关键点如下：
（1）基础状态处理：空字符串的转换。
（2）转移方程：根据当前字符是否相等，决定是否需要额外操作。

1. ①处应该填（　　）。

A. j　　　　　　　B. i　　　　　　　C. m　　　　　　　D. n

【分析讲解】

当 i == 0 时，表示 str1 是空字符串，将其转换为 str2[0..j-1] 需要 j 次插入操作。
从空字符串到长度为 j 的字符串，需要插入 j 个字符。

【正确答案】

A. j

2. ②处应该填（　　）。

A. j　　　　　　　B. i　　　　　　　C. m　　　　　　　D. n

【分析讲解】

当 j == 0 时，表示 str2 是空字符串，将 str1[0..i-1] 转换为空字符串需要 i 次删除操作。
从长度为 i 的字符串转换为空字符串，需要删除 i 个字符。

【正确答案】

B. i

3. ③处应该填（　　）。

A. str1[i – 1] == str2[j – 1]　　　　　　　B. str1[i] == str2[j]
C. str1[i – 1] != str2[j – 1]　　　　　　　D. str1[i] != str2[j]

【分析讲解】

如果 str1[i-1] == str2[j-1]，当前字符相等，不需要额外操作，继承子问题的结果。
i-1 和 j-1 是字符串中的当前字符索引，判断它们是否相等。

【正确答案】

A. str1[i – 1] == str2[j – 1]

4. ④处应该填（　　）。

A. dp[i – 1][j – 1] + 1　　B. dp[i – 1][j – 1]　　C. dp[i – 1][j]　　D. dp[i][j – 1]

**【分析讲解】**

如果当前字符相等，直接继承子问题结果，即 dp[i – 1][j – 1]。

无操作时继承前一个状态。

**【正确答案】**

B. dp[i – 1][j – 1]

5. ⑤处应该填（   ）。

A. dp[i][j] + 1　　　　B. dp[i – 1][j – 1] + 1　　　　C. dp[i – 1][j – 1]　　　　D. dp[i][j]

**【分析讲解】**

当前字符不相等时，需要额外操作，⑤ 表示替换操作的子问题结果。

替换操作基于 dp[i-1][j-1]。

**【正确答案】**

C. dp[i – 1][j – 1]

**【题目总结】**

本题主要考查以下知识点：

1. 动态规划的基本思想与应用

（1）如何通过构建二维动态规划表来解决最优子结构问题。

（2）利用子问题的解递推求出最终解。

2. 二维数组的初始化与操作

如何初始化二维数组，并根据具体需求（如状态转移）进行操作。

3. 字符串操作

（1）掌握字符串的基本属性，如长度、字符索引。

（2）在动态规划中结合字符串的索引来判断字符是否相等。

**【编程魔法师讲解考点】**

一、动态规划的基本思想

动态规划是一种将复杂问题拆解为多个子问题并递推求解的算法思想。它的核心是通过存储子问题的解，避免重复计算，从而提高效率。编辑距离问题就是动态规划的经典应用之一。

二、编辑距离问题的动态规划方法

1. 定义问题

给定两个字符串 str1 和 str2，求将 str1 转换为 str2 所需的最少操作次数。允许的操作包括：

插入（Insert）：在字符串中插入一个字符。

删除（Delete）：从字符串中删除一个字符。

替换（Replace）：将字符串中的一个字符替换为另一个字符。

2. 问题建模

创建一个二维数组 dp[m+1][n+1]，其中 m 是 str1 的长度，n 是 str2 的长度。

dp[i][j] 表示将 str1 的前 i 个字符转换为 str2 的前 j 个字符所需的最少操作次数。

3. 状态转移方程

如果 str1[i-1] == str2[j-1]（字符相等），则无须操作：

```
dp[i][j] = dp[i-1][j-1]
```

如果 str1[i-1] != str2[j-1]（字符不相等），考虑三种操作的最小代价：

```
dp[i][j] = 1 + min(dp[i-1][j], dp[i][j-1], dp[i-1][j-1])
```

dp[i-1][j]：删除字符。

dp[i][j-1]：插入字符。

dp[i-1][j-1]：替换字符。

4. 边界条件

当 i == 0（str1 为空时），需要插入 j 个字符：

```
dp[0][j] = j
```

当 j == 0（str2 为空时），需要删除 i 个字符：

```
dp[i][0] = i
```

5. 最终解

数组右下角的值 dp[m][n] 即为将 str1 转换为 str2 的最少操作次数。

### 三、动态规划的优化点

1. 空间优化：

由于 dp[i][j] 的计算仅依赖上一行或上一列，可以用滚动数组代替二维数组，将空间复杂度从 $O(m \times n)$ 优化为 $O(n)$。

2. 时间复杂度

动态规划需要遍历二维数组，时间复杂度为 $O(m \times n)$，适合中等规模的数据处理。

### 四、字符串的操作

1. 长度和索引

str.length()：获取字符串长度。

str[i]：访问字符串的第 i 个字符（索引从 0 开始）。

2. 字符比较

str1[i] == str2[j]：判断两个字符串对应位置的字符是否相等。

### 五、例子讲解

假设：

str1 = "kitten"

str2 = "sitting"

动态规划过程如下：

| |dp[i][j]| | " " | s | si | sit | sitt | sitti | sittin | sitting |
|---|---|---|---|---|---|---|---|---|
| " " | 0 | 1 | 2 | 3 | 4 | 5 | 6 | 7 |
| k | 1 | 1 | 2 | 3 | 4 | 5 | 6 | 7 |
| ki | 2 | 2 | 1 | 2 | 3 | 4 | 5 | 6 |

续表

| \|dp[i][j]\| | " " | s | si | sit | sitt | sitti | sittin | sitting |
|---|---|---|---|---|---|---|---|---|
| \|kit\| | 3 | 3 | 2 | 1 | 2 | 3 | 4 | 5 |
| \|kitt\| | 4 | 4 | 3 | 2 | 1 | 2 | 3 | 4 |
| \|kitte\| | 5 | 5 | 4 | 3 | 2 | 2 | 3 | 4 |
| \|kitten\| | 6 | 6 | 5 | 4 | 3 | 3 | 3 | 4 |

最终结果：最少操作次数为 3。

## 4.3 CSP-J 第一轮完善程序模拟题

### 第 1 题

问题：给定一个正整数 $n$，判断这个数是否为质数（即只有 1 和自身两个正因数）。

试补全以下程序。

```
include<iostream>
using namespace std;

bool isPrime(int num){
    if (num <= 1) return false;            // ① 检查特殊情况
    for (int i = 2; i * i <= num; ++i){    // ② 遍历范围优化
        if (  ③  ){ // 判断是否可整除
            return  ④  ;                   // 如果找到因数，返回非质数
        }
    }
    return  ⑤  ;                           // 如果未找到因数，返回质数
}
int main(){
    int n;
    cin >> n;
    if (isPrime(n)){
        cout << n << " is a Prime number" << endl;
    }
    else{
        cout << n << " is not a Prime number" << endl;
    }
}
```

1. ①处应填（　　）。

   A. num >= 0　　B. num <= 1　　C. num < 2　　D. num > 1

2. ②处应填（　　）。

   A. i <= num　　B. i <= num / 2　　C. i * i <= num　　D. i < sqrt(num)

3. ③处应填（    ）。

A. num == i * i    B. num % i == 0    C. num / i == 0    D. i % num == 0

4. ④处应填（    ）。

A. true    B. false    C. return i    D. continue

5. ⑤处应填（    ）。

A. true    B. false    C. return 0    D. return num

### 第 2 题

问题：给定 n 个球和 3 个桶（A、B、C），所有球最初都在桶 A 中。目标是将所有球按规则移动到桶 C 中，且保持原有顺序不变。

试补全以下程序。

```
include <iostream>
using namespace std;

void move(char src, char tgt) {
    cout << "从桶 " << src << " 移动到桶 " << tgt << endl;
}

void dfs(int i, char src, char tmp, char tgt) {
    if (i == ① ) {      // 判断是否只有一个球
        move( ② );        // 移动唯一的球
        return;
    }
    dfs(i-1, ③ );        // 递归将 i-1 个球从 src 移动到 tmp
    move(src, tgt);        // 移动第 i 个球到 tgt
    dfs( ⑤ , ④ );       // 递归将 i-1 个球从 tmp 移动到 tgt
}

int main() {
    int n;
    cin >> n;
    dfs(n, 'A', 'B', 'C');
    return 0;
}
```

1. ①处应填（    ）。

A. 0    B. 1    C. 2    D. n

2. ②处应填（    ）。

A. src, tgt    B. src, tmp    C. tmp, tgt    D. tgt, src

3. ③处应填（    ）。

A. src, tgt, tmp    B. src, tmp, tgt    C. tmp, tgt, src    D. tgt, src, tmp

4. ④处应填（    ）。

A. src, tmp, tgt    B. tmp, src, tgt    C. tgt, src, tmp    D. src, tgt, tmp

5. ⑤处应填（    ）。

A. i    B. i-1    C. i + 1    D. 1

# 第5章　CSP-S选择题真题解析

## 5.1　2024年CSP-S选择题

1. 在 Linux 系统中，如果你想显示当前工作目录的路径，应该使用的命令是（　　）。
A. pwd　　　　　　B. cd　　　　　　C. ls　　　　　　D. echo

【考点识别】
入门级 | 1. 计算机基础与编程环境 | 【1】Windows、Linux 等操作系统的基本概念及其常见操作

【分析讲解】
在 Linux 系统中，可以通过以下一些基础命令进行操作。

pwd：用于显示当前工作目录的绝对路径，这正是题目中所要求的功能。

cd：用于更改当前工作目录，但不能显示路径。

ls：用于列出当前目录下的文件或子目录，与显示路径无关。

echo：通常用来输出字符串或变量的值，与路径显示无关。

【参考答案】
A. pwd

【编程魔法师讲解考点】
本题考查 Linux 系统中常见命令的基本使用。这在信奥赛的初级考核中属于基础内容。下面来聊聊这些命令背后的小知识。

一、pwd 命令
pwd 的全称为"Print Working Directory"。其功能是显示用户当前所在工作目录的完整路径。常用场景：在操作系统中执行一系列命令时，需要清楚自己当前所处的位置。

二、常见用法
pwd：显示当前路径。
pwd -L：显示基于逻辑目录的路径（符号链接）。
pwd -P：显示实际路径（物理路径，去除符号链接）。

三、常见混淆命令
cd：切换目录。虽然可以改变当前工作目录，但不能显示当前路径。
ls：查看目录内容，与路径无关。
echo：输出字符串，与路径显示无关。

#### 四、使用场景

在实际操作中，pwd 常与 cd 配合使用。当你切换目录后，不确定自己是否切换到了正确的地方时，可以用 pwd 检查当前位置。而 ls 则常用于查看当前目录下的文件和文件夹内容。

【题目总结】

Linux 的基础操作命令是信息学入门的重要部分，掌握这些命令不仅能帮助你通过竞赛的基础考核，也能为后续的程序调试和开发打下扎实基础。记住，"动手实践"是王道，快打开终端试试吧！

2. 假设一个长度为 $n$ 的整数数组中每个元素值互不相同，且这个数组是无序的，则找到这个数组中最大元素的时间复杂度是（　　）。

A. $O(n)$　　　　B. $O(\log n)$　　　　C. $O(n\log n)$　　　　D. $O(1)$

【考点识别】

提高级 | 4. 算法 | 4.1 复杂度分析 | 【6】时间复杂度分析

【分析讲解】

为了找到一个无序数组中的最大元素，需要遍历整个数组，比较所有元素的值以确定哪个元素是最大的。以下是对选项的分析。

A. $O(n)$：正确答案。对于长度为 $n$ 的无序数组，必须遍历 $n$ 个元素以确定最大值。因此，时间复杂度为线性时间 $O(n)$。

B. $O(\log n)$：错误。二分查找等算法可能达到 $O(\log n)$ 的时间复杂度，但前提是数组已排序。而本题的数组是无序的，因此无法直接使用二分查找。

C. $O(n\log n)$：错误。$O(n\log n)$ 是排序算法的典型复杂度，而找到最大值无须对数组排序，因此复杂度不会达到此级别。

D. $O(1)$：错误。$O(1)$ 表示常数时间，这只适用于直接访问数组的某个已知位置的元素。本题要求找到最大值，需要遍历整个数组，无法在常数时间内完成。

【参考答案】

A. $O(n)$

【编程魔法师讲解考点】

一、算法的时间复杂度

时间复杂度是算法的重要指标，用于衡量算法在输入规模 $n$ 增加时所需时间的增长情况。无序数组中找最大值的时间复杂度：

1. 基本思路

在一个无序数组中查找最大值，需要对每个元素进行比较，才能最终确定最大值。

算法过程：逐一比较数组中的元素，记录当前最大值，直到遍历完整个数组。因为每个元素都需要被访问一次，因此时间复杂度为 $O(n)$。

2. 复杂度分析

每次比较需要 $O(1)$ 时间。

对 $n$ 个元素各比较一次，时间复杂度为 $O(n)$。

3. 常见的误区

不能用 $O(\log n)$：二分查找适用于有序数组，但本题数组是无序的，因此无法跳过元素直接查找。

不需要排序：排序复杂度是 $O(n\log n)$，但本题只需要找到最大值，无须排序。

无法 $O(1)$：如果事先不知道最大值的位置，必须遍历数组，无法在常数时间内完成。

### 二、小知识点

时间复杂度的常见级别，从小到大为 $O(1) < O(\log n) < O(n) < O(n\log n) < O(n^2)$。其中，$O(n)$ 是常见的线性复杂度，适用于需要遍历数组的算法。

【题目总结】

时间复杂度是信奥赛中的基础分析能力，通过观察输入规模与算法的操作次数关系，可以快速得出复杂度等级。这是竞赛中分析算法优劣的关键点，掌握之后可以让你轻松理解算法的本质，成为"代码优化大师"！

3. 在 C++ 中，下列函数调用会造成栈溢出的是（　　）。

A. int foo ( ) { return 0; }　　　　　　B. int bar ( ) { int x = 1; return x; }

C. void baz ( ) { int a[1000]; baz ( ); }　　D. void qux ( ) { return; }

【考点识别】

入门级 | 2. C++ 程序设计 | 2.9 函数与递归 |【2】递归函数

【分析讲解】

A. int foo ( ) { return 0; }：这个函数没有递归，也没有分配大量的局部变量，调用一次后直接返回，不可能导致栈溢出。

B. int bar ( ) { int x = 1; return x; }：同样，这个函数仅仅分配一个局部变量 x，并立即返回，没有递归调用，也不会导致栈溢出。

C. void baz ( ) { int a[1000]; baz ( ); }：这是一个典型的无限递归函数。在每次调用 baz ( ) 时，函数会在栈上分配一个大小为 1000 的局部数组 a，这会导致栈空间迅速耗尽，从而引发栈溢出错误。这是正确答案。

D. void qux ( ) { return; }：这个函数没有递归，也没有分配大量的局部变量，调用后直接返回，不可能导致栈溢出。

【参考答案】

C. void baz ( ) { int a[1000]; baz ( ); }

【编程魔法师讲解考点】

递归函数是函数直接或间接调用自身的一种编程技术。递归功能非常强大，但如果设计不当，就会引发栈溢出错误。以下是递归函数和栈溢出的详细讲解。

### 一、递归函数的工作原理

递归函数在每次调用时，都会在栈上分配一个新的栈帧，用于存储局部变量和函数返回地址。

（1）如果递归有明确的终止条件，递归会在某一时刻停止，并逐一返回，栈中的空间会被释放。

（2）如果递归没有终止条件，或者递归调用次数过多，栈空间会被耗尽，程序会发生栈溢出错误。

### 二、栈溢出的原因

（1）无限递归：没有合适的终止条件，递归一直进行。例如：void f ( ) { f ( ); }，这种情况下，每次调用都会分配新的栈帧，栈很快会耗尽。

（2）过大的栈帧：每次递归调用都需要大量栈空间，如分配大量局部变量或数组。例如：void g ( )

{ int a[10000]; g(); }, 由于每次调用都消耗过多栈空间, 即使递归深度不大, 也会导致栈溢出。

三、本题分析

选项 C 的问题。void baz() { int a[1000]; baz(); }, 函数每次调用时都在栈上分配一个大小为 1000 的数组 a, 这大大增加了栈空间的消耗。由于函数没有终止条件, 会导致无限递归, 从而引发栈溢出错误。

如何避免栈溢出：

（1）设置递归的终止条件, 例如在递归时添加计数器或边界检查。

（2）尽量减少递归调用时的栈空间占用, 例如减少局部变量的大小或避免分配大型数组。

（3）使用尾递归优化：某些编译器会对尾递归进行优化, 避免栈帧的频繁分配。

【题目总结】

本题通过对递归和栈溢出问题的考查, 强调了递归函数设计时注意终止条件和栈空间控制的重要性。这是 C++ 编程的核心考点之一, 尤其在处理递归问题时, 要特别小心栈溢出的风险。

4. 在一场比赛中, 有 10 名选手参加, 前三名将获得金、银、铜牌。若不允许并列, 且每名选手只能获得一枚奖牌, 则不同的颁奖方式共有（    ）。

A. 120 种　　　　　B. 720 种　　　　　C. 504 种　　　　　D. 1000 种

【考点识别】

入门级 | 5. 数学 | 5.4 离散与组合数学 |【4】排列

【参考答案】

B. 720 种

【分析讲解】

本题是一个典型的排列问题, 要求计算从 10 名选手中选出前三名并分配金、银、铜牌的所有不同方式。排列问题的公式是：

$$P(n,k) = \frac{n!}{(n-k)!}$$

其中：$n$ 是总人数（本题中为 10）；$k$ 是需要排列的数量（本题中为 3）。

代入公式计算：

$$P(10,3) = \frac{10!}{(10-3)!} = \frac{10 \times 9 \times 8}{1} = 720$$

【编程魔法师讲解考点】

一、排列的概念与公式

在排列问题中, 我们关心的是从 $n$ 个元素中选取 $k$ 个元素, 并考虑顺序的所有可能性。这是一个常见的数学问题, 特别是在比赛颁奖、任务分配等场景中。

排列的公式：

$$P(n,k) = \frac{n!}{(n-k)!}$$

其中：$n!$ 表示 $n$ 的阶乘, 即从 $n$ 到 1 的连乘；$(n-k)!$ 表示未参与排列的元素的阶乘。

## 二、示例解析

本题的具体情况：总人数 $n$=10，即共有 10 名选手；奖牌数量 $k$=3，分配金、银、铜牌需要考虑顺序。

计算步骤：

（1）使用公式 $P(10,3) = \dfrac{10!}{(10-3)!}$。

（2）$10! = 10 \times 9 \times 8 \times 7!$，而 $(10-3)! = 7!$。

（3）分子、分母中的 $7!$ 相抵，剩下 $P(10,3) = 10 \times 9 \times 8 = 720$

## 三、常见错误点

忽略顺序：如果忽略顺序，应使用组合公式，而不是排列公式。本题明确了金、银、铜牌的区别，顺序重要，因此是排列问题。

误用全排列公式：全排列适用于所有选手参与排列的情况（如 $P(10,10)$），而本题只需选择和排列前三名。

## 四、小知识补充

排列与组合的区别如下。

排列：顺序重要，例如金、银、铜牌的分配。

组合：顺序无关，例如从选手中选择一组成员。

【题目总结】

本题考查排列的基本公式和应用，重点是区分排列和组合，并正确使用公式进行计算。这是数学竞赛和编程竞赛中非常常见的基础题型之一。

5. 下列数据结构中最适合实现先进先出（FIFO）功能的是（　　）。

A. 栈　　　　　　　B. 队列　　　　　　　C. 线性表　　　　　　　D. 二叉搜索树

【考点识别】

提高级 | 3. 数据结构 | 3.1 线性结构 | 【5】双端队列、单调队列

【分析讲解】

题目要求找出最适合实现先进先出（FIFO）功能的数据结构。以下是各选项的特点和分析。

A. 栈：栈是一种后进先出（LIFO）的数据结构，后进入的数据先被弹出，无法实现先进先出的功能，因此不符合题意。

B. 队列：队列是一种典型的先进先出（FIFO）数据结构。数据按照进入的顺序排列，最早进入的数据最先被取出，完全符合题意，是正确答案。

C. 线性表：线性表是一个更广义的概念，可以包含栈、队列等具体的数据结构。本题需要明确选择实现 FIFO 的队列，而非泛指线性表，故不符合题意。

D. 二叉搜索树：二叉搜索树是一种树形数据结构，通常用于高效查找、插入和删除操作，其元素按照中序遍历的顺序排列，但它并不天然支持 FIFO 功能。

【参考答案】

B. 队列

【编程魔法师讲解考点】

一、队列及其特性

队列（Queue）是一种常见的线性数据结构，具有以下特点：

先进先出（FIFO）：队列中的数据按照进入的顺序排列，先进入的数据最先被取出。

操作：入队（Enqueue）——在队尾插入新元素；出队（Dequeue）——从队头取出元素。

二、队列的实现

队列可以通过以下两种方式实现。

数组实现：使用固定大小的数组存储队列元素，适合元素数量已知的场景。

链表实现：使用动态链表存储队列元素，适合动态扩展的场景。

三、队列的常见应用

任务调度：计算机操作系统中调度任务。

消息传递：网络或系统间传递数据。

广度优先搜索（BFS）：用于图的遍历和最短路径搜索。

四、与其他数据结构的对比

栈：后进先出（LIFO），最后进入的元素最先被取出，和队列的先进先出完全相反。

线性表：泛指一组线性数据结构，包括栈、队列等。

二叉搜索树：主要用于数据的高效查找、插入和删除，不具备 FIFO 的特性。

队列的变种：双端队列（Deque）——既可以从队头取出数据，也可以从队尾插入数据。优先队列（Priority Queue）——按优先级高低取出元素，而非进入顺序。

【题目总结】

队列是实现先进先出（FIFO）功能的最佳数据结构。理解队列的特性及应用场景对于数据结构和算法学习非常重要。

6. 已知 $f(1)=1$，且对于 $n \geq 2$ 有 $f(n)=f(n-1)+f\left(\left\lfloor\dfrac{n}{2}\right\rfloor\right)$，$f(4)$ 的值为（　　）。

A. 4　　　B. 5　　　C. 6　　　D. 7

【考点识别】

入门级 | 2. C++ 程序设计 | 2.9 函数与递归 |【2】递归函数

【分析讲解】

本题考查递归的定义与计算，需要根据递归公式逐步展开并计算 $f(4)$ 的值。递归公式为：

$f(1)=1$。

$f(n)=f(n-1)+f\left(\left\lfloor\dfrac{n}{2}\right\rfloor\right)$ $(n \geq 2)$。

逐步计算：

(1) 计算 $f(2)$：$f(2)=f(1)+f\left(\left\lfloor\dfrac{n}{2}\right\rfloor\right)=f(1)+f(1)=1+1=2$。

(2) 计算 $f(3)$：$f(3)=f(2)+f\left(\left\lfloor\dfrac{n}{2}\right\rfloor\right)=f(2)+f(1)=2+1=3$。

(3) 计算 $f(4)$：$f(4)=f(3)+f\left(\left\lfloor\dfrac{n}{2}\right\rfloor\right)=f(3)+f(2)=3+2=5$。

**【参考答案】**

B. 5

**【编程魔法师讲解考点】**

递归是指函数调用自身的一种编程技巧，用于解决分治问题。在递归中，问题通常被分解为一个或多个更小的子问题，通过逐步求解子问题最终获得结果。

一、递归的两个关键部分

终止条件（Base Case）：递归需要一个明确的终止条件，否则会陷入无限递归。例如本题中的 $f(1)=1$。

递归关系（Recursive Relation）：递归需要将问题不断分解为更小的子问题，直到终止条件满足。例如本题的递归公式：

$$f(n)=f(n-1)+f\left(\left\lfloor\dfrac{n}{2}\right\rfloor\right)\ (n\geqslant 2)。$$

二、递归的实现步骤

（1）从终止条件开始计算：直接给定的条件（如 $f(1)=1$）为递归基础。

（2）逐步展开递归公式：按照递归关系计算每一层的值。例如，先计算 $f(2)$，再计算 $f(3)$，直到计算出目标值 $f(4)$。

（3）逐步合并子问题结果：每次递归调用的结果会作为上一级递归的输入，最终得到整个问题的解。

三、递归的常见应用

数列计算，如斐波那契数列；分治算法，如归并排序、快速排序；图的遍历，如深度优先搜索。

**【题目总结】**

本题通过递归关系的定义与展开，考查递归法的基本概念与计算过程。熟悉递归的展开与合并是学习算法和解决分治问题的核心技巧。

7. 假设有一个包含 $n$ 个顶点的无向图，且该图是欧拉图。以下关于该图的描述中不一定正确的一项是（　　）。

A. 所有顶点的度数均为偶数　　B. 该图连通

C. 该图存在一个欧拉回路　　　D. 该图的边数是奇数

**【考点识别】**

提高级 | 3. 数据结构 | 3.4 常见图 | 【6】欧拉图

**【分析讲解】**

题目要求判断关于欧拉图的描述中哪一项"不一定正确"。我们先回顾欧拉图的定义和性质。

一、欧拉图定义

一个无向图是欧拉图当且仅当以下两个条件同时满足：

（1）图是连通的。

（2）图中所有顶点的度数均为偶数。

二、选项分析

A. 所有顶点的度数均为偶数：根据欧拉图的定义，这是一个必要条件，因此选项 A 一定正确。

B. 该图连通：欧拉图的定义要求图必须是连通的，因此选项 B 一定正确。

C. 该图存在一个欧拉回路：欧拉图本质上就是包含欧拉回路的图，因此选项 C 一定正确。

D. 该图的边数是奇数：边数是否为奇数取决于图的具体结构，而欧拉图的定义与边数无关，因此选项 D 不一定正确。

【参考答案】

D. 该图的边数是奇数

【编程魔法师讲解考点】

欧拉图是图论中的一个重要概念，它涉及图的连通性和顶点的度数。以下是关于欧拉图的详细讲解。

一、欧拉图定义

一个无向图是欧拉图当且仅当以下两个条件同时满足：

（1）图是连通的。

（2）图中所有顶点的度数均为偶数。

二、欧拉图的性质

（1）顶点的度数均为偶数：这是欧拉图的核心性质之一。根据图论中的"度数定理"，欧拉图中每个顶点的度数必须为偶数才能形成欧拉回路。

（2）连通性：欧拉图必须是连通的，否则无法遍历所有的边形成一个闭合回路。

（3）存在欧拉回路：欧拉图一定存在欧拉回路。欧拉回路是一条遍历图中所有边且不重复的闭合路径。

（4）边数与顶点的度数：欧拉图的边数与是否是欧拉图没有直接关系，边数可以是奇数，也可以是偶数。因此，判断一个图是否是欧拉图时不需要关注边数。

三、小知识补充

欧拉回路（Eulerian Circuit）：一条遍历图中所有边且不重复的闭合路径。

欧拉路径（Eulerian Path）：一条遍历图中所有边且不重复的非闭合路径。

【题目总结】

本题考查欧拉图的定义及其性质，重点在于区分与边数相关的错误认知。边数的奇偶性与欧拉图无关，是一个迷惑性选项。

8. 在对数组进行二分查找的过程中，以下条件中必须满足的是（　　）。

A. 数组必须是有序的　　　　B. 数组必须是无序的

C. 数组长度必须是 2 的幂　　D. 数组中的元素必须是整数

【考点识别】

入门级 | 4. 算法 | 4.3 基础算法 |【4】二分法

【分析讲解】

二分查找是一种高效的查找算法，前提是数据必须满足一定条件。以下是对各选项的分析。

A. 数组必须是有序的：正确。二分查找的核心是通过比较中间值来缩小查找范围。如果数组无序，无法判断目标值位于中间值的左侧还是右侧，因此数组必须是有序的。

B. 数组必须是无序的：错误。数组无序时无法进行二分查找，这与二分查找的基本要求矛盾。

C. 数组长度必须是 2 的幂：错误。二分查找对数组长度没有特殊要求，数组可以是任意长度，只要是有序的即可。

D. 数组中的元素必须是整数：错误。二分查找适用于任何可比较的元素类型，包括整数、浮点数、字符串等。

**【参考答案】**

A. 数组必须是有序的

**【编程魔法师讲解考点】**

二分查找（Binary Search）是一种高效的查找算法，适用于有序数组或列表。通过每次将查找范围缩小一半，可以在对数级别的时间内找到目标元素。以下是详细讲解。

一、二分查找的条件

数组必须是有序的：二分查找需要通过比较中间值来判断目标元素的位置，只有在有序数组中，这种判断才是正确的。

随机访问能力：二分查找要求数据存储结构支持随机访问（如数组），链表不适合。

二、二分查找的时间复杂度和空间复杂度

时间复杂度：每次查找将范围缩小一半，时间复杂度为 $O(\log n)$。

空间复杂度：二分查找只需要常量空间来保存索引，空间复杂度为 $O(1)$。

三、常见误区

数组无序时使用二分查找：无序数组中，无法通过比较中间值确定目标值的位置，因此必须先排序。

数组长度必须是 2 的幂：二分查找对数组长度没有要求，只需确保数组有序即可。

四、二分查找的扩展应用

（1）查找最左或最右满足条件的元素（变种二分查找）。

（2）应用于数值问题的解法，如寻找浮点数的近似值。

**【题目总结】**

掌握二分查找的核心在于理解其有序性的前提和分治的思想。该算法在许多场景中都有广泛应用，如查找问题、最优值问题等。竞赛中，需牢记条件和实现方法，同时要注意时间复杂度分析。

9. 考虑一个自然数 $n$ 以及一个模数 $m$，你需要计算 $n$ 的逆元（即 $n$ 在模 $m$ 意义下的乘法逆元）。下列算法中最为适合的是（　　）。

A. 使用暴力法依次尝试　　B. 使用扩展欧几里得算法

C. 使用快速幂法　　D. 使用线性筛法

**【考点识别】**

提高级 | 5. 数学 | 5.3 初等数论 |【3】扩展欧几里得算法

**【分析讲解】**

题目要求计算自然数 $n$ 在模 $m$ 意义下的乘法逆元。乘法逆元 $n^{-1}$ 的定义是：

$$n \cdot n^{-1} \equiv 1 \pmod{m}$$

也就是说，在模 $m$ 下，$n \cdot n^{-1}$ 的余数为 1。以下是对各选项的分析。

A. 使用暴力法依次尝试：暴力法通过从 1 到 $m-1$ 的所有数中逐一尝试，找到满足 $n \cdot x \equiv 1 \pmod{m}$ 的值。缺点：效率低，时间复杂度为 $O(m)$。结论：不适合大范围计算，不是最佳选择。

B. 使用扩展欧几里得算法：扩展欧几里得算法通过辗转相除法快速计算两个数的最大公约数（gcd），并找到满足 Bézout 的等式：$ax+by=\gcd(a,b)$。当 $\gcd(n,m)=1$ 时，可以利用扩展欧几里得算法快速求得 $n$ 的逆元。优点：时间复杂度为 $O(\log m)$，高效可靠。结论：最适合计算逆元，是正确答案。

C. 使用快速幂法：快速幂法可以用于计算模意义下的幂，例如 $a^b \pmod m$，但无法直接求逆元。若 $m$ 是素数，可以结合费马小定理 $n^{m-1} \equiv 1 \pmod m$，用快速幂法计算 $n^{m-2} \pmod m$ 来得到逆元。结论：快速幂法仅适用于特定情况（$m$ 是素数），在一般情况下不如扩展欧几里得算法通用。

D. 使用线性筛法：线性筛法通常用于生成素数表，与求逆元无关。结论：不适合求逆元。

【参考答案】
B. 使用扩展欧几里得算法

【编程魔法师讲解考点】
模逆元是数论中的重要概念，广泛应用于密码学、算法竞赛等领域。以下是详细讲解。

一、模逆元的定义

对于一个整数 $n$ 和模数 $m$，如果存在整数 $x$ 满足：$n \cdot x \equiv 1 \pmod m$，则称 $x$ 为 $n$ 在模 $m$ 下的逆元，记作 $n^{-1}$。

二、模逆元存在的条件

模逆元存在的必要条件是 $n$ 和 $m$ 互质，即 $\gcd(n,m)=1$。

三、求模逆元的方法

1. 扩展欧几里得算法

扩展欧几里得算法是求解模逆元的最常用方法。

通过辗转相除法，找到整数 $x,y$ 使得 $n \cdot x + m \cdot y = \gcd(n,m)$。

若 $\gcd(n,m)=1$，则 $n \cdot x \equiv 1 \pmod m$，此时 $x$ 即为 $n$ 的模逆元。算法复杂度 $O(\log m)$。

2. 费马小定理（快速幂法）

如果 $m$ 是素数，费马小定理可以用来求模逆元 $n^{m-1} \equiv 1 \pmod m$，两边同时除以 $n$，得 $n^{m-2} \equiv n^{-1} \pmod m$。使用快速幂法计算 $n^{m-2}$，得到 $n$ 的模逆元。适用范围：仅适用于模数 $m$ 为素数的情况。

3. 暴力法

枚举从 $1$ 到 $m-1$，找到第一个满足 $n \cdot x \equiv 1 \pmod m$ 的 $x$。算法复杂度为 $O(m)$。效率低，不推荐使用。

四、小知识点

在实际问题中，当 $m$ 是素数时，优先考虑使用费马小定理结合快速幂法；当 $m$ 不是素数时，使用扩展欧几里得算法可取得最优解。

【题目总结】
本题重点在于模逆元的求解方法与适用场景。扩展欧几里得算法是一种通用、高效的解法，是计算模逆元的首选方法。

10. 在设计一个哈希表时，为了减少冲突，需要使用适当的哈希函数和冲突解决策略。已知哈希表中有 $n$ 个键-值对，表的装填因子为 $\alpha(0<\alpha \leq 1)$。在使用开放地址法解决冲突的过程中，最坏情况下查找一个元素的时间复杂度为（　　）。

A. $O(1)$      B. $O(\log n)$      C. $O\left(\dfrac{1}{1-\alpha}\right)$      D. $O(n)$

【考点识别】

提高级 | 3. 数据结构 | 3.5 哈希表 | 【6】哈希冲突的常用处理方法

【分析讲解】

在使用开放地址法的哈希表中，查找一个元素的时间复杂度受装填因子 $\alpha$ 的影响。装填因子 $\alpha$ 定义为 $\alpha = \dfrac{n}{m}$；其中 $n$ 是表中存储数据的个数，$m$ 是哈希表的表长。以下是对各选项的分析。

A. $O(1)$：当装填因子 $\alpha$ 较低（即哈希表有很多空位），大多数查找操作可以在常数时间内完成。但随着 $\alpha$ 接近 1，冲突增多，查找时间会显著增加，因此 $O(1)$ 并不能表示最坏情况下的复杂度。

B. $O(\log n)$：哈希表的查找时间与装填因子有关，而不是与键 - 值对的数量 $n$ 呈对数关系。因此，这不是开放地址法的时间复杂度。

C. $O\left(\dfrac{1}{1-\alpha}\right)$：开放地址法中，查找时间复杂度与 $\dfrac{1}{1-\alpha}$ 成正比。描述平均查找复杂度，但非最坏情况。

D. $O(n)$：如果哈希函数设计得很差，所有键都映射到同一个位，查找退化为线性查找，时间复杂度为 $O(n)$。

【参考答案】

D. $O(n)$

【编程魔法师讲解考点】

哈希表是一种非常高效的查找数据结构。它利用哈希函数将键值（key-value）映射到数组的索引位置，通过装填因子和冲突解决策略来优化查询性能。下面围绕考点和题目展开深入讲解。

一、哈希表与开放地址法

哈希表用于在常数时间内完成查找、插入和删除操作。然而，当发生冲突时，解决冲突的策略会影响其性能。以下是关于开放地址法和装填因子的详细讲解。

1. 装填因子（$\alpha$）的定义

装填因子表示哈希表的使用程度，定义为 $\alpha = \dfrac{n}{m}$。其中，$n$ 是表中存储数据的个数，$m$ 是哈希表的长度。$0 < \alpha \leq 1$，当 $\alpha$ 越接近 1，哈希表越拥挤，冲突越多。

2. 开放地址法的基本原理

当发生冲突时，开放地址法会通过探查找到下一个可用的位置。以下是常见的探查策略：

（1）线性探查：按固定步长依次探查下一位置，直到找到空位。缺点：容易发生"聚集现象"。

（2）二次探查：探查步长依次增加为平方值，以减轻聚集问题。

（3）双重散列：使用两个不同的哈希函数计算探查步长，以减少冲突。

二、查找的时间复杂度

平均情况下：查找一个元素的时间复杂度为 $O\left(\dfrac{1}{1-\alpha}\right)$，随着 $\alpha$ 增加，查找时间变长。

最坏情况下：如果装填因子 $\alpha$ 接近 1（即表中几乎全满），需要探查许多位置，查找时间趋近于线性表。

三、性能优化

减小装填因子：通过扩展哈希表容量（即增大 $m$）降低 $\alpha$。

优化哈希函数：选择散列均匀的哈希函数，减少冲突概率。

冲突解决策略：双重散列或二次探查往往比线性探查更高效。

### 四、小知识点

装填因子 $\alpha$ 对哈希表性能影响巨大：$\alpha \approx 0.5$ 时，性能最佳，查找时间接近 $O(1)$；$\alpha \approx 1$ 时，性能急剧下降，查找时间趋近于 $O(n)$。

**【题目总结】**

开放地址法中最坏情况下的时间复杂度为 $O(n)$，其表现受装填因子 $\alpha$ 和探测方式的影响。在解决冲突时，应尽量选择高效的探测方式并合理控制装填因子（通常 $\alpha \leq 0.75$）。

11. 假设有一棵 $h$ 层的完全二叉树，该树最多包含的节点数为（　　）。

A. $2^h-1$　　　　B. $2^{h*1}-1$　　　　C. $2^h$　　　　D. $2^{h+1}$

**【考点识别】**

入门级 | 3. 数据结构 | 3.3 特殊树 |【4】完全二叉树的定义与基本性质

**【分析讲解】**

完全二叉树的层数定义：如果完全二叉树的层数为 $h$，那么根节点是第 1 层，最后一层是第 $h$ 层。

节点总数公式：完全二叉树中，节点总数 $=2^h-1$。

这是因为：第 1 层有 $2^0=1$ 个节点；第 2 层有 $2^1=2$ 个节点；第 3 层有 $2^2=4$ 个节点；最后一层（第 $h$ 层）有 $2^{(h-1)}$ 个节点。将每一层的节点数相加，形成一个等比数列：

$1+2+4+\cdots+2^{(h-1)}=2^h-1$。

**【参考答案】**

A. $2^h-1$

**【编程魔法师讲解考点】**

完全二叉树的节点总数与性质

完全二叉树是二叉树的一种特殊形式，具有层次结构完整的特点。以下是关于完全二叉树的详细讲解。

### 一、完全二叉树的定义

每层节点规则：除了最后一层外，完全二叉树的每层节点数都达到最大值。最后一层的节点从左到右连续排列，可能未满。

层数与深度：完全二叉树的层数 $h$ 等于树的深度，根节点为第 1 层，最后一层为第 $h$ 层。

### 二、完全二叉树的节点总数公式

如果完全二叉树有 $h$ 层，则最大节点总数 $=2^h-1$。

这是由以下等比数列求和公式得到的：

$1+2+4+\cdots+2^{(h-1)}=2^h-1$。

### 三、完全二叉树的其他性质

1. 叶子节点数：如果完全二叉树是满的，则叶子节点数为 $2^{h-1}$。

2. 树的高度：如果节点总数为 $n$，则完全二叉树的高度为 $h=\lceil \log_2(n+1) \rceil$。

### 四、小知识点

完全二叉树是满二叉树的特殊形式，当最后一层的节点全部存在时，完全二叉树就是满二叉树。

**【题目总结】**

本题考查完全二叉树的节点总数公式和基本性质，理解公式 $2^h-1$ 的来源和适用场景，是解决树结构问题的关键。

12. 设有一个 10 个顶点的完全图，每两个顶点之间都有一条边，那么长度为 4 的环共有（　　）。

　A. 120 个　　　　　B. 210 个　　　　　C. 630 个　　　　　D. 5040 个

**【考点识别】**

提高级 | 3. 数据结构 | 3.4 常见图 |【5】稀疏图

入门级 | 5. 数学 | 5.4 离散与组合数学 |【2】组合

**【分析讲解】**

题目要求计算一个包含 10 个顶点的完全图中，长度为 4 的环的个数。我们需要结合组合数学和图论的知识来分析。

（1）长度为 4 的环定义：长度为 4 的环是由 4 个顶点和 4 条边构成的简单闭环。在环中，顶点的排列有序，但环是无向的，因此正向和反向是等效的。

（2）完全图中选择顶点：从 10 个顶点中选择 4 个顶点用于构造环。选择方式为组合数：$C_{10}^4 = \frac{10 \times 9 \times 8 \times 7}{4 \times 3 \times 2 \times 1} = 210$。

（3）4 个顶点构成环，考虑旋转和对称性，形成一个环的排列方式有 (4-1)!==6 种，但因为环是无向的，因此需要除以 2，最终每组顶点形成环的方案数为 6/2=3。有 3 种可能，所以长度为 4 的环一共有 210×3=630 个。

**【参考答案】**

C. 630 个

**【编程魔法师讲解考点】**

**一、考点 1：完全图的性质与计数**

完全图是指任意两个顶点之间都有一条边的图，记作 Kn，它的基本性质包括：

（1）边数：Kn 的边数为 $C_n^2 = 2n(n-1)$；

（2）环的个数：Kn 中的环是由多个顶点组成的闭合路径，长度为 $k$ 的环数公式为 $C_n^k \times (k-1)!/2$。其中，$C_n^k$ 是从 $n$ 个顶点中选取 $k$ 个顶点的组合数，$(k-1)!$ 是这些顶点形成闭环的排列方式，最后除以 2 是因为顺时针和逆时针环相同。

**二、考点 2：组合**

组合数学中，排列和组合是解决计数问题的重要工具。

（1）排列公式：从 $n$ 个元素中取出 $m$ 个元素进行排列，公式为 $P_n^m = n \times (n-1) \times \cdots \times (n-m+1)$。

（2）组合公式：从 $n$ 个元素中取出 $m$ 个元素进行组合（不考虑顺序），公式为

$$C_n^m = \frac{P_n^m}{m!} = \frac{n!}{m!(n-m)!}。$$

（3）环的特殊性：环的排列问题涉及对称性，往往需要特别处理（如本题中长度为 4 的环数计算公式）。

**【题目总结】**

本题考查的是完全图的基本概念、组合公式的灵活运用，以及环的对称性处理。通过分析可知，完全图中长度为 4 的环数是先从 10 个顶点中选 4 个（组合公式），再排列成环（除去对称性）。这类题目是图论和组合数学的交叉应用，需要熟悉公式并灵活使用。

13. 对于一个整数 $n$，定义 $f(n)$ 为 $n$ 的各位数字之和，那么使 $f(f(x))=10$ 的最小自然数 $x$ 是（　　）。

A. 29　　　　　　　B. 199　　　　　　　C. 299　　　　　　　D. 399

**【考点识别】**

入门级 | 2. C++ 程序设计 | 2.9 函数与递归 |【2】递归函数

入门级 | 5. 数学 | 5.3 初等数论 |【3】整除、因数、倍数、指数

**【分析讲解】**

题目定义了一个函数 $f(n)$，表示整数 $n$ 的各位数字之和。现在需要找到最小的自然数使得 $f(f(x))=10$。

1. 问题分解

第一层理解含义：计算 $f(x)$，对于整数 $x$，计算 $f(x)$ 就是将 $x$ 的各位数字相加。例如：$f(123)=1+2+3=6$，$f(299)=2+9+9=20$。

第二层递归：计算 $f(f(x))$，对于整数 $x$，先计算 $f(x)$，然后对结果再次计算 $f$。例如：$f(x)=20$，则 $f(f(x))=f(20)=2+0=2$；如果 $f(x)=19$，则 $f(f(x))=f(19)=1+9=10$。我们的目标是找到使 $f(f(x))=10$ 的最小自然数 $x$。

2. 解题思路

（1）列出所有可能的 $f(x)$ 的结果，$f(x)$ 的各位数字之和为 10。所有可能的数字为 $f(x)=19,28,37,46,55,64,73,82,91$。

（2）依次检查这些数字，找到最小的 $x$ 满足 $f(f(x))=10$。然后逐个验证，例如 $f(x)=19$，则 $x=199$ 满足 $f(199)=19$ 和 $f(19)=10$。

**【参考答案】**

B. 199

**【编程魔法师讲解考点】**

这个题目涉及的核心考点是数位操作和递归函数。下面来看看如何理解和运用这些知识点。

一、数位操作

数位操作其实就是通过对一个数字进行分解，提取它的每一位数字，通常是通过对数字取模和除法来实现。例如，对于一个整数 $x$，可以通过逐位求和的方式，得到它的各位数字之和，记作 $f(x)$。

在编程中，可以通过 % 和 // 运算符来提取数字的各个数位。例如：$x\%10$ 获取 $x$ 的最后一位数；$x//10$ 去除 $x$ 的最后一位数。

二、递归函数

递归函数是指在函数内部调用自己，从而完成重复性的任务。在本题中，递归的形式表现为：首先计算 $f(x)$，即一个数字的各位和。然后对得到的结果再次调用 $f$，即计算 $f(f(x))$。

递归的思路是通过重复应用某个过程，直到达到一个预定的目标。在本题中，我们的目标是找到 $x$，

使得 $f(f(x))=10$。

### 三、例子演示

可以使用编程实现计算 $f(x)$ 的过程，并通过递归计算 $f(f(x))$。假设用 C++ 来写这个程序：

```cpp
#include <iostream>
using namespace std;

// 定义函数 f，计算数字各位之和
int f(int n) {
    int sum = 0;
    while (n > 0) {
        sum += n % 10;          // 获取当前数字的最后一位
        n /= 10;                // 去掉当前数字的最后一位
    }
    return sum;
}

int main() {
// 遍历每个数字 x，找到最小的 x，满足 f(f(x)) = 10
    for (int x = 1; x < 1000; x++) {
        if (f(f(x)) == 10) {
            cout << "最小的 x 是：" << x << endl;
            break;              // 找到答案后立即停止
        }
    }
    return 0;
}
```

解释：

函数 $f$(int n)：该函数的作用是计算给定整数 $n$ 各位数字之和。通过 $n$ % 10 获取最后一位数字，再将其加到 sum 变量中，接着通过 $n$ /= 10 去掉最后一位，直到 $n$ 为 0。主函数 main()：程序使用 for 循环遍历 1 到 999 之间的每一个整数 $x$；对每个 $x$，首先计算 $f(x)$，然后计算 $f(f(x))$；如果找到 $f(f(x))=10$，程序输出这个 $x$，并停止查找。

【题目总结】

通过使用 C++ 编写递归的数位拆解函数，并进行逐步验证，我们找到了最小的 $x$ 满足 $f(f(x))=10$。这种方法能够高效地帮助我们解决类似的数位操作问题。

14. 设有一个长度为 $n$ 的 01 字符串，其中有 $k$ 个 1，每次操作可以交换相邻两个字符。在最坏情况下，将这 $k$ 个 1 移到字符串最左边所需要的交换次数是（　　）。

A. $k$　　B. $\dfrac{k(k-1)}{2}$　　C. $(n-k)k$　　D. $\dfrac{(2n-k-1)k}{2}$

【考点识别】

入门级 | 5. 数学 | 5.4 离散与组合数学 |【2】乘法原理

【分析讲解】

题目要求在最坏情况下将 $k$ 个 1 移到 01 字符串的最左边，并计算需要的最小交换次数。下面逐步分析。

（1）最坏情况的构造。在最坏情况下，所有的 1 都位于字符串的最右侧。例如，01 字符串为 000⋯001111。其中，长度为 $n$；$k$ 个 1 位于末尾，剩下 $n-k$ 个 0 位于开头。此时，要将所有的 1 移动到字符串最左侧，每个 1 需要跨越前面的所有 0。

（2）单个 1 的移动代价。假设第 $i$ 个 1 在初始字符串的位置为 $n-k+1$，它的目标位置为 $i$。则第 $i$ 个 1 的移动距离为：移动距离 = 初始位置 − 目标位置 $=n-k+i-i=n-k$。关键点：每个 1 的移动距离 $n-k$ 不变，因为每个 1 都需要跨越前面的所有 0。

（3）字符串中共有 $k$ 个 1，每个 1 都需要移动 $n-k$ 步。因此，总的移动次数为：总移动次数 = $(n-k)k$。

【参考答案】

C.$(n-k)k$

【编程魔法师讲解考点】

一、题目涉及的核心知识点

本题考查字符串操作中的最坏情况分析。涉及以下知识点。

（1）最坏情况分析：假设所有 1 都集中在字符串的最右端，0 集中在最左端。分析每次交换操作的代价（即某个 1 从右往左移动到目标位置所需的步数）。

（2）贪心思想：每次只移动相邻的 1 和 0，以最小代价将 1 向左移动，逐步完成目标。这是局部最优的操作，通过积累实现全局最优。

二、学生易错点

（1）忽略最坏情况的构造：部分同学可能会考虑中间状态的 1 分布，而不是集中在最右端。

（2）错误理解代价：移动代价是每个 1 的距离累加，而非简单地将所有 1 一次性移动。

（3）代数化简错误：在等差数列求和时，化简公式容易出错。

三、解题思路总结

（1）构造最坏情况下的字符串分布（0 在左，1 在右）。

（2）计算每个 1 向左移动的代价。

（3）使用贪心策略逐步将每个 1 移动到目标位置。

（4）总移动次数为 $T=(n-k)k$。

【题目总结】

本题通过字符串的最坏情况分析和代价计算。解题关键是：理解最坏情况下，每个 1 的初始位置与目标位置。通过代价的累积公式计算总步数。公式总结：移动次数 $=(n-k)k$。

15. 如图是一个包含 7 个顶点的有向图，如果要删除图中的一些边，使得从节点 1 到节点 7 没有可行路径，且删除的边数量最少，那么可行的删除最少边的方案共有（　　）。

A. 1 种　　　B. 2 种　　　C. 3 种　　　D. 4 种

【考点识别】

提高级 | 3. 数据结构 | 3.4 常见图 |【6】有向无环图

提高级 | 4. 算法 | 4.7 图论算法 |【6】有向无环图的拓扑排序

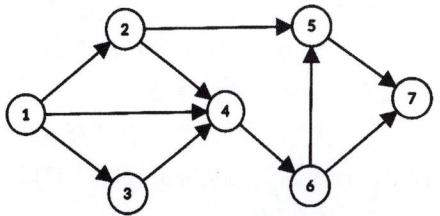

【分析讲解】

题目要求删除最少数量的边，使得 从节点 1 到节点 7 不存在路径；统计所有可能的最小删除集合的数量。

一、完整路径分析

从节点 1 到节点 7 的路径，共计 6 条：1→2→5→7；1→2→4→6→7；1→2→4→6→5→7；1→4→6→7；1→3→4→6→7；1→3→4→6→5→7。

二、如何阻断所有路径

要阻断从节点 1 到节点 7 的所有路径，需要识别路径中必须经过的关键边，并删除这些关键边。分析路径的关键边。

从路径观察可知：

终点关键边：所有路径的终点是节点 7，而所有通向节点 7 的边为 5→7、6→7，删除这两条边可以阻断所有通向节点 7 的路径。

中间关键边：4→6，路径 1→4→6→7、1→2→4→6→7、1→3→4→6→7 都依赖这条边；2→5，路径 1→2→5→7 依赖这条边；1→2，路径 1→2→5→7、1→2→4→6→7、1→2→4→6→5→7 依赖这条边。

三、所有可能的删除方案

为了阻断所有从节点 1 到节点 7 的路径，删除最少的边，可以有以下几种方案。

方案 1：删除 5→7 和 6→7，直接阻断了所有路径的终点，完全切断通向节点 7 的路径。

方案 2：删除 4→6 和 5→7，阻断了路径中的关键中间边 4→6，以及通向节点 7 的关键边 5→7。

方案 3：删除 4→6 和 2→5，阻断了路径中的关键中间边 4→6，以及通向节点 7 的关键边 2→5。

方案 4：删除 1→2 和 4→6，阻断了从起点 1 出发的路径 1→2，以及路径中的关键中间边 4→6。

【参考答案】

D. 4

【编程魔法师讲解考点】

一、图论中的路径分析

有向图中，路径是从起点到终点的所有可能路线，由一组有向边组成。本题需要对起点到终点的所有路径进行分析，识别路径中的关键节点或关键边。关键边：如果某条边被删除，会阻断某些路径的通达性。

二、最小割问题

最小割定义：在图中，最小割是指通过删除尽可能少的边，使起点和终点之间的路径完全被阻断。

最小割的特点：删除的边必须能够切断所有路径；删除的边的数量应尽可能少。

在本题中，最小割的代价是删除 2 条边。

三、如何寻找关键边

对从起点到终点的所有路径进行分析，识别路径中必经的关键边。找到所有路径中被多次复用的关键边，计算这些边是否可以通过不同的组合完成路径阻断。

四、知识点运用

场景扩展：本知识点常用于网络连通性分析、交通路网设计等问题中，确保在特定边被破坏后系统能否保持正常运行。

【题目总结】
通过分析关键路径和最小割，本题展示了在图论中如何通过删除最少数量的边来断开路径，体现了路径分析和最小割求解的基本思想。

## 5.2　2023 年 CSP-S 选择题

1. 在 Linux 系统终端中，以下命令中用于创建一个新目录的是（　　）。
A. Newdir　　　　　B. mkdir　　　　　C. create　　　　　D. mk folder

【考点识别】
提高级 | 1. 计算机基础知识与编程环境 |【5】Linux 系统终端中常用的文件与目录操作命令

【分析讲解】
在 Linux 系统中，创建新目录的命令是 mkdir，其全称是 make directory。通过这个命令，可以在当前路径或指定路径下创建一个新的文件夹。例如：mkdir new_folder。

A. newdir：不存在该命令。
B. mkdir：正确，用于创建新目录。
C. create：不是 Linux 系统中用于创建目录的指令。
D. mk folder：错误，该命令也不存在。

【参考答案】
B. mkdir

【编程魔法师讲解考点】
创建目录是 Linux 系统中的基本操作之一，它涉及一个非常常用的命令 mkdir。你可能会好奇，这个命令究竟能干啥？我来告诉你，它是 Linux 中的"造房子大师"。

一、mkdir 是啥
全称：make directory，意思是"创建目录"。
用法：输入 mkdir < 目录名 >，就能在当前路径下创建一个新目录。

二、举个例子
（1）普通创建目录：mkdir my_folder。
运行这个命令后，系统会在当前路径下生成一个名为 my_folder 的目录。
（2）创建多层目录：如果想一口气创建父目录和子目录，如 parent/child，只需加上 -p 参数：
mkdir -p parent/child。
（3）查看目录是否创建成功：使用 ls 命令查看，如果看到你创建的目录名，那就说明大功告成啦！

三、特别提醒
mkdir 的使用权限和路径有关。如果你要在系统关键目录（比如 /usr/local）下创建目录，可能需要使用 sudo 提权。
输入目录名时，最好检查有没有拼写错误，不然可能会在意想不到的地方建一个奇怪的目录！

**【题目总结】**

Linux 系统中，mkdir 是用于创建目录的正确命令。通过掌握这一技能，不管是写脚本还是日常操作，你都能更高效地管理文件和目录。

2. 0, 1, 2, 3, 4 中选取 4 个数字，能组成（　　）个不同 4 位数。（注：最小的 4 位数是 1000，最大的 4 位数是 9999。）

A. 96　　　　　　　B. 18　　　　　　　C. 120　　　　　　　D. 84

**【考点识别】**

入门级 | 5. 数学 | 5.4 离散与组合数学 |【4】排列

**【分析讲解】**

题目要求从数字 0, 1, 2, 3, 4 中选取 4 个数字，组成不同的 4 位数。注意 4 位数的首位不能为 0。我们需要分以下步骤计算。

1. 总体思路

4 位数的排列问题，涉及全排列和限制条件（首位不能为 0）。排列公式：对于选出的 $n$ 个元素，全排列的个数是 $P_n^r = n!/(n-r)!$。

2. 第一步：确定千位数（首位）

千位数不能为 0，因此首位只能是 1, 2, 3, 4，共有 4 种选择。

3. 第二步：安排剩余的 3 个位置

去掉首位后，还剩下 4 个数字（包括 0）。这 4 个数字需要排在剩下的 3 个位置上，因此需要计算 $P_4^3$：

$$P_4^3 = \frac{4!}{(4-3)!} = 4 \times 3 \times 2 = 24。$$

4. 第三步：总的排列数

根据乘法原理，首位的选择和剩余排列数相乘即可得到总的 4 位数个数：4×24=96。

**【参考答案】**

A. 96

**【编程魔法师讲解考点】**

排列问题，看似简单，其实充满了数学的魅力！在这道题中，我们要从 5 个数字中选出 4 个，组成不同的 4 位数，并且还要注意 4 位数的首位不能是 0，这个限制条件让排列问题更加有趣！

一、什么是排列

排列是指从一组元素中取出若干个，按照顺序进行排列。

排列和组合的区别在于：

排列中顺序不同的算作不同的结果，而组合中顺序不同的算作同一个结果。例如，从 1, 2, 3 中选出两个数字的排列为 12, 13, 21, 23, 31, 32（顺序不同算不同结果），而组合为 12, 13, 23（顺序不同算一个结果）。

二、排列公式

排列的数学公式是：

$P_n^r = \dfrac{n!}{(n-r)!}$，这里，$n$ 是总的元素个数，$r$ 是要选出的元素个数。

### 三、4 位数问题的特殊性

这道题比普通排列更有挑战，因为它限制了 4 位数的首位不能为 0：首位的选择只能是 1, 2, 3, 4（共有 4 种）。剩下位置的排列：从剩下的 4 个数字中取 3 个进行排列。

计算步骤：

首位有 4 种选择。

剩下的数字用 P(4,3)=24 种排列。

总数是 4×24=96。

### 四、代码实现

使用 C++ 实现该问题的代码如下：

```cpp
#include <iostream>
#include <vector>
#include <algorithm>

using namespace std;

int main() {
    vector<int> digits = {0, 1, 2, 3, 4};
    int count = 0;

                                // 生成所有 4 个数字的排列
    do {                        // 如果首位不是 0，则计入有效 4 位数
        if (digits[0] != 0) {
            count++;
        }
    } while (next_permutation(digits.begin(), digits.end()));

    cout << "能组成的不同 4 位数的个数为：" << count << endl;

    return 0;
}
```

【题目总结】

这道题目通过排列计算考查基础数学能力，同时强调对限制条件的理解。掌握排列的基本公式和思想，可以帮助参赛者快速解决类似的问题。

3. 假设 $n$ 是图的顶点的个数，$m$ 是图的边的条数，为求解某一问题有下面 4 种不同时间复杂度的算法。对于 $m = O(n)$ 的稀疏图而言，下面的 4 个选项中渐近时间复杂度最小的是（　　）。

A. $O(m\sqrt{\log n}\ \log\log n)$　　　B. $O(n^2+m)$　　　C. $O\left(\dfrac{n^2}{\log m} + m\log n\right)$　　　D. $O(m+n\log n)$

【考点识别】

提高级 | 4. 算法 | 4.1 复杂度分析 |【6】时间复杂度分析

**【分析讲解】**
题目要求找出对稀疏图 $m=O(n)$（即边数 $m$ 与点数 $n$ 同阶）情况下时间复杂度最小的算法。
1. 稀疏图的性质
稀疏图的边数满足 $m=O(n)$，即边数 $m$ 的数量级与顶点数 $n$ 的数量级相同。因此，复杂度公式中涉及 $m$ 的部分可近似为 $O(n)$。
2. 分析选项
对每个选项将 $m=O(n)$ 代入，简化表达式后比较复杂度：
$O(n\sqrt{\log n} \log\log n)$，$O(n^2+n)$，$O\left(\dfrac{n^2}{\log n}+n\log n\right)$，$O(n+n\log n)$。

可以很明显地去掉 B 和 C 两项。再来分析 A、D 两项。在 $x$ 比较大的时候，一定会出现 $\log x<\sqrt{x}$，同理，$\log\log n<\log\sqrt{n}$ 两边同乘以 $O(n\sqrt{\log n})$，可以得到 $O(n\sqrt{\log n}\log\log n))<O(n\log n)$。

**【参考答案】**
D. $O(m+n\log n)$

**【编程魔法师讲解考点】**
**一、时间复杂度分析——渐近复杂度**
时间复杂度是衡量算法运行时间增长快慢的指标，特别是在数据规模 $n$ 很大的情况下，我们通过渐近复杂度表示增长趋势，忽略常数和低阶项，专注于主要增长项。

**二、本题时间复杂度的对比**
本题涉及稀疏图 $m=O(n)$，我们逐步比较选项的复杂度。
（1）稀疏图的性质：$m$ 与 $n$ 同阶，可以替换 $m$ 为 $O(n)$，简化复杂度表达式。
（2）对比关键点：$\log n$ 增长比 $\sqrt{\log n}$ 快。$\log\log n$ 增长极慢，几乎可以忽略。

**三、关键公式总结**
（1）排列主导项的重要性：$\sqrt{\log n}\log\log n < \log n$。
（2）常见复杂度排序：由低到高依次为
$O(1)<O(\log\log n)<O(\log n)<O(\sqrt{\log n}\log\log n)<O(n)<O(n\log n)<O(n^2)$。

**【题目总结】**
本题重点在于对渐近复杂度的深刻理解，掌握对数函数的增长特性。通过准确的时间复杂度比较，可以快速排除选项，选出最优解。复杂度分析是信奥赛的重要技能，是算法优化的基础。

4. 假设有 $n$ 根柱子，需要按照以下规则依次放置编号为 1, 2, 3, … 的圆环：每根柱子的底部固定，顶部可以放入圆环；每次从柱子顶部放入圆环时，需要保证任何两个相邻圆环的编号之和是一个完全平方数。请计算当有 4 根柱子时，最多可以放置（　　　）个圆环。
A. 7　　　　　B. 9　　　　　C. 11　　　　　D. 5

**【考点识别】**
入门级 | 5. 数学 | 5.4 离散与组合数学 |【4】排列
　　　　| 4. 算法 | 4.3 基础算法 |【3】贪心法

【分析讲解】

本题是一个组合数学问题，关键在于满足以下规则：每次放置的圆环编号 $x$，与已经存在的相邻圆环编号 $y$ 满足：$x+y=k^2$（$k$ 为整数，即和是一个完全平方数），需要找到一个放置策略，使得在 4 根柱子中可以放置最多的圆环数量。

步骤解析如下：

1. 初步分析规则

编号为 1, 2, 3, … 的圆环需要按顺序放置。根据完全平方数的特性，可以列出前几个完全平方数 1,4,9,16,25,…，并以此确定每个编号可以与哪些编号相邻。例如：编号 1 可以和 3,8,15,24,… 相邻（因为 1+3=4,1+8=9,…,1+15=16, 1+24=25,…）。

编号 2 可以和 7,14,23,… 相邻（因为 2+7=9,2+14=16,2+23=25,…）。

2. 多柱策略

假设有 4 根柱子，每根柱子可以独立放置圆环。每次选择一个可以放置当前圆环的位置，同时满足"和是完全平方数"的规则。

优化策略是尽可能分散放置，使每根柱子能够容纳更多圆环。

3. 贪心策略

可以模拟以下过程：首先将编号 1 放在第 1 根柱子上。然后依次考虑每个编号，将其放在符合规则的某一根柱子上，直到不能继续为止。

4. 模拟解法

通过代码模拟可以计算出结果，当 $n=4$ 时，最多可以放置 7 个圆环。

【参考答案】

C. 11

【编程魔法师讲解考点】

组合数学和贪心策略：让数学问题化繁为简。

在这道题目中，我们遇到一个有趣的约束组合问题：需要放置圆环编号 1,2,3,…，并确保相邻圆环编号的和是一个完全平方数。同时，有 4 根柱子，目标是找到一种放置策略，能够放置尽可能多的圆环。

一、什么是完全平方数

完全平方数就是整数的平方。例如 1,4,9,16,25,…这些数有一个重要性质：任意两个数 $x$ 和 $y$ 如果满足 $x+y=k^2$（$k$ 是整数），那么 $x$ 和 $y$ 是完全平方和的关系。

二、问题拆解

目标：尽可能多地放置编号 1,2,3,… 的圆环。

规则：每次放置一个圆环，必须满足与其"邻居"的和为完全平方数。

多柱策略：有 4 根柱子可以选择，如何分散放置是关键。

三、贪心算法的应用

1. 贪心思路

（1）依次尝试放置每个编号的圆环。

（2）检查当前编号是否可以放在已有的柱子顶部，满足"和为完全平方数"的条件。

（3）如果可以放置，记录当前编号；否则，尝试放在其他柱子上。

（4）如果所有柱子都无法放置，则停止。

2. 实现方式

（1）用一个数组表示 4 根柱子，为每根柱子的顶部圆环编号。

（2）遍历每个编号 1,2,3,…1, 2, 3, \dots1,2,3,⋯，尝试将其放在某根柱子上，更新顶部编号。

**【题目总结】**

本题结合了组合数学、完全平方数的性质及贪心策略，通过合理分析可以快速找到最优解。在信奥赛中，类似的规则约束问题非常常见，因此掌握贪心算法的应用至关重要！

5. 以下对数据结构的表述不恰当的一项是（　　）。

A. 队列是一种先进先出（FIFO）的线性结构

B. 哈夫曼树的构造过程主要是为了实现图的深度优先搜索

C. 散列表是一种通过散列函数将关键字映射到存储位置的数据结构

D. 二叉树是一种每个节点最多有两个子节点的树结构

**【考点识别】**

入门级 | 3. 数据结构 | 3.2 简单树 | 【3】树的定义及其相关概念

　　　　　　　　　| 3.1 线性表 | 【3】队列

　　　　　　　　　| 3.3 特殊树 | 【4】哈夫曼树的定义和构造、哈夫曼编码

**【分析讲解】**

题目要求找出对数据结构描述不恰当的一项。以下是对每个选项的逐一分析。

A. 队列是一种先进先出（FIFO）的线性结构：队列是一种典型的线性数据结构，遵循先进先出（FIFO）的规则，插入操作在队尾，删除操作在队首。正确，描述无误。

B. 哈夫曼树的构造过程主要是为了实现图的深度优先搜索：哈夫曼树是一种用于数据压缩的树结构，通常用于构造最优前缀编码，不与图的深度优先搜索相关。错误，描述不恰当。纠正：哈夫曼树的构造过程是为了实现最优编码，与图的深度优先搜索无关。

C. 散列表是一种通过散列函数将关键字映射到存储位置的数据结构：散列表通过散列函数将关键字映射到特定位置，以确保高效查找和插入。正确，描述无误。

D. 二叉树是一种每个节点最多有两个子节点的树结构：二叉树的定义明确规定，每个节点最多有两个子节点（左子节点和右子节点）。正确，描述无误。

**【参考答案】**

B. 哈夫曼树的构造过程主要是为了实现图的深度优先搜索

**【编程魔法师讲解考点】**

这道题涉及数据结构的基本概念和应用场景。以下是相关考点讲解。

1. 队列

定义：先进先出（FIFO）的线性数据结构。

特点：队尾插入，队首删除。

应用：广度优先搜索（BFS）等。

2. 散列表

定义：通过散列函数将关键字映射到存储位置。

特点：查找和插入效率高（平均时间复杂度为 $O(1)$）。

应用：数据库索引、缓存等。

3. 二叉树

定义：每个节点最多有两个子节点的树结构。

特点：基础树结构，构成多种扩展结构，如二叉搜索树。

应用：表达式树、搜索等。

4. 哈夫曼树

定义：用于构造最优前缀编码的特殊二叉树。

特点：带权路径长度最小。

应用：数据压缩、通信编码。

注意：哈夫曼树与图的深度优先搜索无关，主要用于实现最优编码。

【题目总结】

这道题考查基础数据结构和算法的核心概念，尤其是对哈夫曼树的误解需要特别注意。掌握队列、散列表、二叉树和哈夫曼树的特性和应用，是信奥赛和算法设计中的重要基础。

6. 以下连通无向图中，（　　）一定可以用不超过两种颜色进行染色。

A. 完全三叉树　　　　　B. 平面图　　　　　C. 边双连通图　　　　　D. 欧拉图

【考点识别】

提高级 | 4. 算法 | 4.7 图论算法 | 【6】二分图的判定

入门级 | 3. 数据结构 | 3.4 简单图 | 【3】图的定义与相关概念

【分析讲解】

题目要求找出一定可以用不超过两种颜色进行染色的图。根据图论知识，只有二分图能够用不超过两种颜色染色。树是天然的二分图结构，因为它不存在环，更不存在奇数环。任何树（包括完全三叉树）都可以用不超过两种颜色进行染色。以下逐项分析。

A. 完全三叉树：完全三叉树是一种特殊的树，每个非叶子节点最多有三个子节点。树是一种特殊的连通无向图，且任何树都满足二分图的性质。

B. 平面图：平面图是可以嵌入平面且没有交叉边的图。并非所有平面图都是二分图。例如，五边形、六边形等平面图可能含有奇数环，而奇数环无法用两种颜色染色。

C. 边双连通图：边双连通图是指删除任意一条边后仍然保持连通的图。这种图结构没有保证一定满足二分图的性质。例如，边双连通图可能包含奇数环，而奇数环无法用两种颜色染色。

D. 欧拉图：欧拉图是一种满足每个顶点的度数为偶数的连通无向图。虽然欧拉图具有特殊性质，但并没有要求必须是二分图。例如，含有奇数环的欧拉图就无法用两种颜色染色。

【参考答案】

A. 完全三叉树

【编程魔法师讲解考点】

这道题目涉及图论中的基本概念，尤其是二分图的定义和图的染色问题。以下是相关考点的系统讲解。

### 一、树与完全三叉树

**1. 树的定义**

树是一种连通无环图。树是天然的二分图,因为它没有环,更不会有奇数环。树的染色特点:只需要两种颜色即可满足相邻节点颜色不同的要求。

**2. 完全三叉树的特点**

完全三叉树是每个非叶子节点最多有三个子节点的特殊树。完全三叉树仍然是树,因此可以用两种颜色染色。

### 二、图的二分图特性

**1. 二分图的定义**

图 $G=(V,E)$ 是二分图,当且仅当顶点集 $V$ 可以分成两个互斥子集 $V_1$ 和 $V_2$,使得每条边的两个端点分别属于 $V_1$ 和 $V_2$。

**2. 二分图的关键性质**

图中不含奇数环。树是特殊的二分图。

**3. 染色算法**

利用深度优先搜索(DFS)或广度优先搜索(BFS)检测是否为二分图,同时完成染色:

(1)将第一个节点染为颜色 1;

(2)遍历它的邻居,染为颜色 2;

(3)检测相邻节点是否颜色冲突,若冲突,则不是二分图,否则继续染色。

### 三、其他图结构的染色分析

平面图:不一定是二分图。例如五边形图(含奇数环)无法用两种颜色染色。

边双连通图:仅要求删除任意一条边后连通性不变,但不保证无奇数环,因此也不是二分图。

欧拉图:满足每个顶点的度数为偶数,但并不排除存在奇数环的可能性,因此也不一定是二分图。

### 四、图论在算法中的应用

**1. 图染色问题**

图染色问题是经典的 NP 难问题,染色数表示图的最少染色数。

**2. 特殊图(如二分图、树)可以高效解决**

二分图只需两种颜色;树可以通过简单的 DFS/BFS 高效染色。

**3. 常见算法**

DFS/BFS 判定二分图:时间复杂度为 $O(V+E)$。

贪心染色:对于一般图,可以用贪心策略实现 $O(V^2)$ 的近似解。

**【题目总结】**

本题结合了树、二分图和其他图结构的特性,重点在于理解完全三叉树是树的一种,而树是天然的二分图,可以用两种颜色染色。掌握这些基础概念和染色算法,对于竞赛中的图论解题至关重要。

7. 最长公共子序列的长度常用来衡量两个序列的相似度。其定义如下:给定两个序列 $X=\{x_1,x_2,\cdots,x_m\}$ 和 $Y=\{y_1,y_2,y_3,\cdots,y_n\}$,最长公共子序列(LCS)问题的目标是找到一个最长的新序列 $Z=\{z_1,z_2,z_3,\cdots,z_k\}$,使得序列 $Z$ 既是序列 $X$ 的子序列,又是序列 $Y$ 的子序列,且序列 $Z$ 的长度 $k$ 是满足上述条件的序列里最大的。(注:序列 $A$ 是序列 $B$ 的子序列,当且仅当保持序列 $B$ 元素顺序的情况下,从序列 $B$ 中删除若干元素，可以使得剩余的元素构成序列 A。）则序列 ABCAAAABA 和 ABABCBABA 的最长公共子序列长度为（　　）。

A. 4　　　　B. 5　　　　C. 6　　　　D. 7

【考点识别】

入门级 | 4. 算法 | 4.8 动态规划 | 【4】动态规划的基本思路

【分析讲解】

题目要求计算两个序列的最长公共子序列（LCS）的长度。以下是解题思路和步骤。

1. 什么是最长公共子序列（LCS）

最长公共子序列（LCS）是指两个序列中 按顺序出现但不要求连续的最大公共子序列。例如，对于 $X$ = ABCD 和 $Y$ = ACBD，它们的 LCS 是 ABD，长度为 3。

2. 动态规划解决 LCS 问题

LCS 是一个经典的二维动态规划问题。设两个序列分别为 X[1..m] 和 Y[1..n]，定义状态 dp[i][j] 表示 X 的前 i 个字符 和 Y 的前 j 个字符 的最长公共子序列的长度，以下是具体步骤。

（1）定义状态：

设 dp[i][j] 表示序列 X[1…i] 和 Y[1…j] 的 LCS。

（2）状态转移方程：

如果 X[i]==Y[j]，则 dp[i][j]=dp[i-1][j-1]+1。

如果 X[i]≠Y[j]，则 dp[i][j]=max(dp[i-1][j],dp[i][j-1])。

（3）初始化：

dp[0][j]=0（当 X 为空时，LCS 长度为 0）。

dp[i][0]=0（当 Y 为空时，LCS 长度为 0）。

（4）根据题目计算 LCS：

两个序列为 X = "ABCAAAABA"，Y = "ABABCBABA"。我们构造一个 9×9 的二维动态规划（DP）表（X 长度为 9，Y 长度为 9），逐步填表。

|   |   | A | B | A | B | C | B | A | B | A |
|---|---|---|---|---|---|---|---|---|---|---|
|   | 0 | 0 | 0 | 0 | 0 | 0 | 0 | 0 | 0 | 0 |
| A | 0 | 1 | 1 | 1 | 1 | 1 | 1 | 1 | 1 | 1 |
| B | 0 | 1 | 2 | 2 | 2 | 2 | 2 | 2 | 2 | 2 |
| C | 0 | 1 | 2 | 2 | 2 | 3 | 3 | 3 | 3 | 3 |
| A | 0 | 1 | 2 | 3 | 3 | 3 | 3 | 4 | 4 | 4 |
| A | 0 | 1 | 2 | 3 | 3 | 3 | 3 | 4 | 4 | 4 |
| A | 0 | 1 | 2 | 3 | 3 | 3 | 3 | 4 | 4 | 4 |
| A | 0 | 1 | 2 | 3 | 3 | 3 | 3 | 4 | 4 | 4 |
| B | 0 | 1 | 2 | 3 | 4 | 4 | 4 | 4 | 5 | 5 |
| A | 0 | 1 | 2 | 3 | 4 | 4 | 4 | 5 | 5 | 6 |

（5）最终答案：

dp[m][n] 是所求的 LCS 长度，其中 m 和 n 是序列 X 和 Y 的长度。

【参考答案】

C. 6

【编程魔法师讲解考点】

动态规划（Dynamic Programming, DP）是信奥赛中的重要算法，它通过分解问题为子问题，并利用已经解决的子问题的结果来构建最终解。这道题目涉及最长公共子序列（LCS），是动态规划的典型应用。

一、动态规划的基本思路

动态规划适用于以下两种类型的问题。

（1）最优子结构：问题的最优解可以由其子问题的最优解构成。

（2）重叠子问题：相同的子问题会被多次求解，动态规划通过记录子问题的结果避免重复计算。

二、LCS 问题的动态规划方法

（1）状态定义：

设 dp[i][j] 表示序列 X[1⋯i] 和 Y[1⋯j] 的最长公共子序列长度。

（2）状态转移方程：

如果 X[i]==Y[j]，则当前字符是 LCS 的一部分：dp[i][j]=dp[i-1][j-1]+1。

如果 X[i]≠Y[j]X[i]，则 LCS 的长度取决于两种情况的最大值：dp[i][j]=max(dp[i-1][j],dp[i][j-1])。

（3）初始化：

如果 i=0 或 j=0，则 dp[i][0]=dp[0][j]=0。

三、怎么用动态规划解决最长公共子序列问题

假设有两个字符串 X 和 Y：X = "ABCAAAAABA"，Y = "ABABCBABA"。我们创建一个表格 dp[i][j] 来记录子状态，之后按照下面几个步骤操作。

（1）初始化：先把空字符串对应的所有情况（第 0 行和第 0 列）填成 0。

（2）遍历并填表：从左到右、从上到下填表。如果 X[i] == Y[j]，就看 dp[i-1][j-1] 的值，再加 1；如果不等，就看左边和上边（dp[i-1][j] 和 dp[i][j-1]），取最大值。

（3）答案：表格右下角的值 dp[m][n] 就是两个字符串的最长公共子序列长度。

四、示例代码实现（C++）

```cpp
#include <iostream>
#include <vector>
#include <string>
using namespace std;

int LCS(string X, string Y) {
    int m = X.size(), n = Y.size();
    vector<vector<int>> dp(m + 1, vector<int>(n + 1, 0));

    for (int i = 1; i <= m; ++i) {
        for (int j = 1; j <= n; ++j) {
            if (X[i - 1] == Y[j - 1]) {
```

```
            dp[i][j] = dp[i - 1][j - 1] + 1;
        } else {
            dp[i][j] = max(dp[i - 1][j], dp[i][j - 1]);
        }
    }
}
return dp[m][n];
}
int main() {
    string X = "ABCAAAABA";
    string Y = "ABABCBABA";
    cout << "LCS 长度: " << LCS(X, Y) << endl;
    return 0;
}
```

### 五、时间与空间复杂度

时间复杂度：动态规划的核心是填充一个 $m \times n$ 的二维表，复杂度为 $O(m \times n)$。

空间复杂度：标准实现使用一个 $m \times n$ 的二维数组，复杂度为 $O(m \times n)$。可以通过滚动数组优化为 $O(\min(m,n))$。

【题目总结】

LCS 问题是动态规划的经典应用，它通过简单的二维表填充来解决复杂的序列比较问题。在实际竞赛中，掌握状态定义、状态转移方程以及代码实现的优化技巧，可以帮助参赛者高效解决类似问题。

8. 一位玩家正在玩一个特殊的掷骰子的游戏。游戏要求连续掷两次骰子，收益规则如下：玩家第一次掷出 $x$ 点，得到 $2x$ 元；第二次掷出 $y$ 点，当 $y=x$ 时，玩家会失去之前得到的 $2x$ 元，而当 $y \neq x$ 时，玩家能保住第一次获得的 $2x$ 元。骰子的点数为 $x,y \in \{1,2,3,4,5,6\}$。例如，玩家第一次掷出 3 点得到 6 元，但第二次再掷出 3 点，会失去之前得到的 6 元，玩家最终收益为 0 元；如果玩家第一次掷出 3 点，第二次掷出 4 点，则最终收益为 6 元。假设骰子掷出任意一点的概率均为 1/6，玩家连续掷两次骰子后，所有可能情形下收益的平均值是（　　）。

A. 7 元　　　　B. $\frac{35}{6}$ 元　　　　C. $\frac{16}{3}$ 元　　　　D. $\frac{19}{3}$ 元

【考点识别】

入门级 | 5 数学 | 5.4 离散与组合数学 | 【4】排列、组合

| 4. 算法 | 4.2 入门算法 | 【1】枚举法

【分析讲解】

本题是一个期望值计算问题。以下是详细解析过程。

一、分析概率分布

（1）骰子点数 $x,y \in \{1,2,3,4,5,6\}$，掷出任意点数的概率均为 $\frac{1}{6}$。

对于任意给定的 $x$：$y=x$ 的概率为 $\frac{1}{6}$。$y \neq x$ 的概率为 $\frac{5}{6}$。

收益计算：若 $y=x$，收益为 0；若 $y \neq x$，收益为 $2x$。

（2）单点 $x$ 的期望收益：$E_x = P(y=x) \cdot 0 + P(y \neq x) \cdot 2x = \dfrac{5}{6} \cdot 2x = \dfrac{10}{6}x$。

二、总期望值的计算

（1）点数 $x$ 的概率分布：每个点数 $x \in \{\{1,2,3,4,5,6\}\}$ 出现的概率均为 $\dfrac{1}{6}$。

（2）总期望值公式：$E = \sum_{x=1}^{6} p(x) E_x$。

（3）计算 $\sum_{x=1}^{6} x = 1+2+3+4+5+6 = 21$。

（4）代入公式：$E = \dfrac{1}{6} \cdot \dfrac{10}{6} \cdot 21 = \dfrac{35}{6}$。

【参考答案】

B. $\dfrac{35}{6}$ 元

【编程魔法师讲解考点】

这道题目是一个典型的概率与期望值计算问题，在数学建模和信奥赛中非常常见。以下是对相关考点的详细讲解。

一、随机变量与期望值

随机变量：随机变量是取值由随机试验的结果决定的变量。在本题中，随机变量 $x$ 表示玩家掷骰子的收益。

期望值：期望值表示随机变量可能取值的平均水平，即加权平均值。

对于离散型随机变量 $x$，期望值公式：$E(x) = \sum_{1}^{i} P(x_i) \times x_i$，其中 $P(x_i)$ 是 $x$ 取值为 $x_i$ 的概率。

二、本题的随机变量定义与期望值计算

1. 收益的随机变量

玩家第一次掷骰子取点数 $x$，收益初步为 $2x$。

玩家第二次掷骰子取点数 $y$，收益规则：$y=x$，收益为 $0$；$y \neq x$，收益为 $2x$。

2. 收益期望值的计算

对每个点数 $x$，收益的期望值为 $E_x = P(y=x) \cdot 0 + P(y \neq x) \cdot 2x = \dfrac{5}{6} \cdot 2x = \dfrac{10}{6}x$。

总期望值：$E = \sum_{x=1}^{6} p(x) E_x = \sum_{x=1}^{6} \dfrac{1}{6} \cdot \dfrac{10x}{6}$。

简化后得：$E = \dfrac{1}{6} \cdot \dfrac{10}{6} \cdot \sum_{x=1}^{6} x$。

最终：$E = \dfrac{1}{6} \cdot \dfrac{10}{6} \cdot 21 = \dfrac{35}{6}$。

四、C++ 实现：计算玩家的平均收益

```
#include <iostream>
using namespace std;

                                        // 计算玩家的平均收益
```

```
double calculateExpectation() {
    double totalExpectation = 0.0;

    for (int x = 1; x <= 6; ++x) {                      // 遍历第一次掷出的点数 x (1-6)

        double probabilityX = 1.0 / 6.0;                // 每次掷出 x 的概率是 1/6

                                                        // 对于每个 x，计算其期望收益
        double expectationX = (5.0 / 6.0) * (2 * x);    // (y ≠ x 的概率) × (2x)
        totalExpectation += probabilityX * expectationX; // 加权累加
    }

    return totalExpectation;
}
int main() {

    double result = calculateExpectation();             // 调用函数计算期望
    cout << "玩家的平均收益为: " << result << " 元" << endl;
    return 0;
}
```

代码解析：

循环计算每个点数的期望：

for (int x = 1; x <= 6; ++x) 遍历第一次掷出的点数 x。

每个点数的期望收益为 $E_x = 56 \cdot (2x)$，将 $E_x$ 按 $P(x) = \frac{1}{6}$ 的权重加权累加。

概率计算：

$P(y \neq x) = \frac{5}{6}$，即第二次掷出的点数与第一次不同的概率。

$P(x) = \frac{1}{6}$，即第一次掷出每个点的概率。

累加总期望：

通过 totalExpectation 累加每个点数的加权期望值。

输出结果：

最终输出玩家的平均收益，结果为 $\frac{35}{6} \approx 5.833$。

**【题目总结】**

本题通过掷骰子的随机试验，考查期望值的计算。掌握这种模型化思维和公式应用，可以高效解决同类问题。

9. 假设有以下 C++ 代码：

```
int a = 5, b = 3, c = 4;
bool res = a & b || c ^ b && a | c;
```

则 res 的值是（　　）。

提示：在 C++ 中，逻辑运算的优先级从高到低依次为逻辑非（!），逻辑与（&&），逻辑或（||）。位运算的优先级从高到低依次为位非（~），位与（&），位异或（^），位或（|）。同时，双目运算的优先级高于双目逻辑运算。

A. true  B. false  C. 1  D. 0

【考点识别】

入门级 | 2. 程序设计 | 2.4 基本运算 |【1】逻辑运算：与（&&）、或（||）、非（!）、【2】位运算：与（&）、或（|）、非（~）、异或（^）

【分析讲解】

1. 运算符优先级表

从高到低：位与（&），位异或（^），位或（|），逻辑与（&&），逻辑或（||）。

2. 按优先级逐步计算表达式

（1）计算 $a \& b$：

$a=5$，$b=3$，其二进制为：$5=101_2$，$3=011_2$，$a \& b=101_2 \& 011_2=001_2=1$。

（2）计算 $c \wedge b$：

$c=4$，$b=3$，其二进制为：$4=100_2$，$3=011_2$，$c \oplus b=100_2 \oplus 011_2=111_2=7$。

（3）计算 $a | c$：

$a=5$，$c=4$，其二进制为：$5=101_2$，$4=100_2$，$a | c=101_2 | 100_2=101_2=5$。

（4）计算 $c \wedge b \,\&\&\, a | c$：

按优先级，先算逻辑与（&&）：$c \wedge b$ 为 7，$a | c$ 为 5；因为 && 要求逻辑真值，7 和 5 都为真（非 0 值）：$c \wedge b \,\&\&\, a | c$=true（1）。

（5）计算 $a \& b || c \wedge b \,\&\&\, a | c$：

按优先级，最后计算逻辑或（||）：$a \& b$ 为 1，$c \wedge b \,\&\&\, a | c$ 为 1；1 || 1 =true（1）。

3. 最终结果

res 的值为 true（1）。

【参考答案】

A. true

【编程魔法师讲解考点】

这道题考查逻辑运算和位运算的基础知识，同时需要理解运算符的优先级。以下是详细的讲解。

一、逻辑运算

逻辑运算在程序中用于布尔运算。

逻辑运算符主要包括：

（1）与（&&）：表示逻辑"且"，只有两个操作数都为真时，结果为真。例如，true && false 的结果是 false。

（2）或（||）：表示逻辑"或"，只要有一个操作数为真，结果就为真。例如，true || false 的结果是 true。

（3）非（!）：表示逻辑"非"，对布尔值取反。例如，!true 的结果是 false。

## 二、位运算

位运算符直接对二进制位进行操作，主要包括以下运算符。

（1）与（&）：按位与操作，对应位都为 1 时，结果为 1，否则为 0。例如，5 & 3，5 = 101，3 = 011，结果为 001（十进制为 1）。

（2）或（|）：按位或操作，对应位只要有一个为 1，结果为 1。例如，5 | 3，结果为 111（十进制为 7）。

（3）异或（^）：按位异或操作，对应位不同为 1，相同为 0。例如，5 ^ 3，结果为 110（十进制为 6）。

（4）非（~）：按位取反操作，将所有位取反。例如，~5（按二进制补码计算），结果与数值位数有关。

## 三、运算符优先级

在 C++ 中，不同运算符具有不同的优先级，从高到低为：

位运算优先级高于逻辑运算：&、|、^ > && > ||。

运算结合性：位运算从左到右结合；逻辑运算从左到右结合。

## 四、代码解析关键点

（1）按位运算优先级高于逻辑运算。

（2）在计算逻辑运算时，布尔值 true 和 false 可以由非零值（true）和零值（false）转换。

（3）使用括号能更清晰地组织运算表达式。

【题目总结】

通过这道题，复习了逻辑运算与位运算的基础知识，以及运算符的优先级。掌握这些概念，对于编写高效且正确的代码非常重要。

10. 假设快速排序算法的输入是一个长度为 $n$ 的已排序数组，且该快速排序算法在分治过程中总是选择第一个元素作为基准元素。下列中描述在这种情况下的快速排序行为的是（　　）。

A. 快速排序对于此类输入的表现最好，因为数组已经排序

B. 快速排序对于此类输入的时间复杂度 $O(n\log n)$

C. 快速排序对于此类输入的时间复杂度是 $O(n^2)$

D. 快速排序无法对这类数组进行排序，因为数组已经排序

【考点识别】

提高级 | 4. 算法 | 4.4 排序算法 |【5】快速排序

【分析讲解】

本题考查快速排序对已排序数组的表现（快速排序选择第一个元素作为基准时）。

1. 已排序数组的划分过程

第一个元素始终是最小值，分治时会将数组分成一个基准元素和剩余的 $n$-1 个元素。递归深度为 $n$，每层划分需要 $O(n)$ 的比较。

2. 时间复杂度

划分需要 $n+(n-1)+(n-2)+\cdots+1$，等于 $\dfrac{n(n+1)}{2}$，复杂度为 $O(n^2)$。

选项分析：

A. 错误，已排序数组是快速排序的最差情况。
B. 错误，时间复杂度为 $O(n^2)$，不是 $O(n\log n)$。
C. 正确，已排序数组情况下的时间复杂度是 $O(n^2)$。
D. 错误，快速排序能处理已排序数组，只是性能较差。

【参考答案】

C. 快速排序对于此类输入的时间复杂度是 $O(n^2)$

【编程魔法师讲解考点】

快速排序（QuickSort）是一种高效的排序算法，但其性能依赖于基准元素的选择。以下是快速排序的核心知识点。

一、快速排序的核心原理

（1）基准选择：选择一个元素作为基准，将数组分成小于基准和大于基准的两部分。
（2）递归排序：分别对两部分递归执行快速排序。
（3）合并结果：将排好序的子数组拼接成一个完整的数组。

二、快速排序的时间复杂度

最佳情况（基准均匀划分）：每次分成大小相等的两部分，递归深度为 $\log n$，每层划分操作需要 $O(n)$，总复杂度为 $O(n\log n)$。

最差情况（基准选择不当，如已排序数组）：每次分成一个基准元素和剩余 $n-1$ 个元素，递归深度为 $n$，总复杂度为 $O(n^2)$。

三、本题分析：已排序数组的特殊情况

已排序数组，且基准始终选择第一个元素：每次递归只减少一个元素。递归深度为 n，每次划分需要 $O(n)$。总复杂度为 $O(n^2)$。

四、实际代码示例（C++）

以下是快速排序处理已排序数组的代码：

```cpp
#include <iostream>
#include <vector>
using namespace std;

                                            // 快速排序实现
void quickSort(vector<int>& arr, int left, int right) {
    if (left >= right) return;
    int pivot = arr[left];                  // 基准选择第一个元素
    int i = left, j = right;
    while (i < j) {
        while (i < j && arr[j] >= pivot) --j;
        if (i < j) arr[i++] = arr[j];
        while (i < j && arr[i] <= pivot) ++i;
        if (i < j) arr[j--] = arr[i];
    }
    arr[i] = pivot;
    quickSort(arr, left, i - 1);
```

```
    quickSort(arr, i + 1, right);
}

int main() {
    vector<int> arr = {1, 2, 3, 4, 5};        // 已排序数组
    quickSort(arr, 0, arr.size() - 1);
    for (int num : arr) cout << num << " ";
    return 0;
}
```

**【题目总结】**

已排序数组是快速排序的最差情况,时间复杂度为 $O(n^2)$。理解快速排序的性能依赖,能够更好地设计高效的排序算法。

11. 以下能将一个名为 main.cpp 的 C++ 源文件编译并生成一个名为 main 的可执行文件的命令是（    ）。

A. g++ -o main main.cpp
B. g++ -o main.cpp main
C. g++ main -o main.cpp
D. g++ main.cpp -o main.cpp

**【考点识别】**

入门级 | 1. 计算机基础与编程环境 |【1】g++、gcc 等常见编译器的基本使用

提高级 | 1. 计算机基础与编程环境 |【5】g++、gcc 等编译器与相关编译选项

**【分析讲解】**

本题考查 g++ 编译器命令的基本使用。以下是每个选项的含义和分析。

1. g++ 命令的基本格式

g++ [ 编译选项 ] -o < 可执行文件名 > < 源文件名 >

其中,-o < 可执行文件名 > 指定生成的可执行文件的名称;< 源文件名 > 指要编译的 C++ 源代码文件。

2. 选项逐一分析

A. g++ -o main main.cpp:正确。该命令表示使用 g++ 将 main.cpp 编译成一个名为 main 的可执行文件。

B. g++ -o main.cpp main:错误。-o 后面的文件名应该是生成的可执行文件,而 main.cpp 是源文件名,这种命令格式错误。

C. g++ main -o main.cpp:错误。命令顺序错误,且 main 应为源文件名,而不是目标文件名。

D. g++ main.cpp -o main.cpp:错误。生成的可执行文件不能与源文件重名,否则会覆盖源文件。

**【参考答案】**

A. g++ -o main main.cpp

**【编程魔法师讲解考点】**

一、g++ 编译器的基本使用

g++ 是 GNU 提供的 C++ 编译器,主要用于编译和链接 C++ 源代码文件。以下是其基本用法。

1. 编译单个源文件

```
g++ < 源文件名 >
```

此命令将生成默认的可执行文件，通常命名为 a.out（Linux）或 a.exe（Windows）。

2. 指定输出文件名

```
g++ -o <可执行文件名> <源文件名>
```

使用 -o 选项，可以自定义可执行文件的名称。

### 二、选项解释

1. -o（output）

用于指定输出的可执行文件名。例如：

```
g++ -o program main.cpp
```

此命令将 main.cpp 编译成名为 program 的可执行文件。

2. 调试选项（提高级知识点）

使用 -g 选项可以生成调试信息：

```
g++ -g -o program main.cpp
```

生成的可执行文件可以配合调试器（如 gdb）进行调试。

3. 优化选项（提高级知识点）

使用 -O、-O1、-O2、-O3 选项可以优化代码性能。例如：

```
g++ -O2 -o program main.cpp
```

### 三、常见错误解析

错误命令 g++ -o main.cpp main：-o 的后面应为目标可执行文件名，而不是源文件名。

错误命令 g++ main.cpp -o main.cpp：输出文件名不能与源文件名相同；否则，源文件可能被覆盖。

**【题目总结】**

通过本题，学习了 g++ 的基本使用方法和相关选项的含义。熟悉这些内容，可使程序在编译和运行程序时更加高效。

12. 在图论中，树的重心是树上的一个节点，以该节点为根时，使得其所有的子树中节点数最多的子树的节点数最少。一棵树可能有多个重心。下列中一定只有一个重心的是（　　）。

A. 4 个节点的树　　　　B. 6 个节点的树　　　　C. 7 个节点的树　　　　D. 8 个节点的树

**【考点识别】**

提高级 | 3 数据结构 | 3.2 集合与森林 |【6】树的孩子兄弟表示法

　　　　| 4 算法 | 4.7 图论算法 |【6】树的重心、直径、DFS 序与欧拉序

**【分析讲解】**

1. 树的重心满足的条件

（1）以某节点为根时，所有子树中节点数最多的子树的节点数最小。

（2）每棵树可能存在 1 个或 2 个重心，但通常在节点分布不对称的情况下，只有 1 个重心。

2. 选项分析

A. 4 个节点的树：树的结构较小，可能对称分布（如链表样式），存在多个重心，不满足题意。

B. 6 个节点的树：类似于 4 个节点的树，6 个节点的树也可能是线性结构或对称分布，因此可能存在多个重心，不满足题意。

C. 7 个节点的树：7 个节点的树中，由于节点数为奇数，不可能均匀对称分布，这样的树结构只有一个重心。例如，一个链状结构长度为 7 时，重心必然唯一（中间节点），因此一定只有一个重心。

D. 8 个节点的树：节点数为偶数时，可能出现对称分布的结构。例如，一个对称分布的树可能有两个重心，不符合题意。

【参考答案】

C. 7 个节点的树

【编程魔法师讲解考点】

一、树的重心

树的重心是图论中的一个重要概念，用来描述树中一个特殊的节点位置。重心的基本定义是：

（1）如果以某节点作为树的根，那么它所有子树中节点数最多的子树的节点数最小。

（2）一棵树可能有 1 个或 2 个重心，但最多不会超过 2 个。

二、为什么 7 个节点的树一定只有一个重心

（1）奇数节点的特性：树中节点数为奇数时，不可能均匀地划分成两部分。无论如何分割，都会导致某一个部分比另一部分大，因此唯一的分割点（即重心）是确定的。例如，一棵线性结构且有 7 个节点的树，其重心必然是中间节点。

（2）偶数节点的对比：树中节点数为偶数时，可能存在两种对称分布，使得存在两个满足条件的重心。例如，8 个节点的树可以是完全二叉树，其中会有两个对称的重心。

（3）树中有 7 个节点的实际例子：

一个链状树结构：1—2—3—4—5—6—7，节点 4 是重心，因为从它到其他部分的最大子树的深度最小。

一个不对称的树结构：

```
    1
   /\
  2  3
 /  /\
4  5 6
      \
       7
```

节点 3 是重心，同样可以通过计算每个节点的子树的最大节点数确定。

三、重心的应用

优化问题：在一些路径问题中，需要选择一个位置，以保证所有节点到这个点的最大距离最短，而重心就是最佳的选择。

动态规划：在树结构的动态规划中，重心的选择可以减少复杂度，使问题分解更加高效。

图的分割：通过找到重心，可以将大图分成更小的子图，方便计算和递归操作。

**【题目总结】**

树的重心是一个重要的概念，可以帮助高效处理路径、分割等问题。7 个节点的树由于奇数特性，导致重心只有一个，而偶数节点时可能存在多个重心。学习树的重心，可以让我们在解决树结构的问题时更灵活地选择策略。

13. 有向图包含 6 个顶点，但顶点间不存在拓扑排序。如果要删除其中的一条边，使得 6 个顶点能进行拓扑排序，那么可以作为候选的被删除边总共有（　　）。

A. 1 条　　　　B. 2 条　　　　C. 3 条　　　　D. 4 条

**【考点识别】**

提高级 | 4. 算法 | 4.7 图论算法 |【6】有向无环图的拓扑排序

**【分析讲解】**

1. 关键点

拓扑排序的条件：拓扑排序要求有向图是有向无环图（DAG）。如果图中存在环，无法进行拓扑排序。

问题目标：删除一条边，使得原图变为有向无环图，从而可以进行拓扑排序。

2. 图的环分析

图中存在一个环：1→3→4→1。只要删除环中的某一条边，就可以消除该环，使得图变为有向无环图。

3. 候选删除边

环中的边是：1→3，3→4，4→1。因此，可以删除的边共有 3 条。

**【参考答案】**

C. 3 条

**【编程魔法师讲解考点】**

一、有向无环图（DAG）

（1）定义：有向无环图是一种没有环的有向图。DAG 是拓扑排序的基础，任何存在环的有向图都无法进行拓扑排序。

（2）环的影响：如果有向图中存在环，则某些顶点之间的顺序冲突，例如 1→3→4→11 \to 3 \to 4 \to 11→3→4→1 会导致 111 和 444 无法确定先后顺序。

（3）解决方法：通过检测环并删除环中的一条边，可以将有向图转化为 DAG。

二、拓扑排序

（1）定义：拓扑排序是一种顶点的线性排序，使得对于每条有向边 u→v，顶点 u 在 v 之前。

（2）应用场景：任务调度、依赖解析等。

（3）实现条件：只有 DAG 可以进行拓扑排序，需确保图中无环。

三、环的检测与处理

1. 环检测方法

（1）深度优先搜索（DFS）：使用栈记录递归路径，若访问到已在栈中的节点，说明存在环。

（2）拓扑排序法：若无法完成拓扑排序，说明图中存在环。

## 2. 环的处理方法

删除环中的一条边，可以消除环并转化为 DAG。

【题目总结】

本题考查拓扑排序的条件、有向图的环检测与处理以及候选边筛选。熟悉拓扑排序和 DAG 的定义，能够快速判断环的影响并找到解决方案。

14. 若 $n = \sum_{i=1}^{k} 16^i x_i$，定义 $f(n) = n = \sum_{i=0}^{k} x_i$，其中 $x_i \in \{0,1,\cdots,15\}$，对于给定自然数 $n_0$，存在序列 $n_0, n_1, n_2, \cdots, n_m$，其中对于 $1 \leqslant i \leqslant m$ 都有 $n_i = f(n_i-1)$，且 $n_m = n_{m-1}$，称 $n_m$ 为 $n_0$ 关于 $f$ 的不动点。那么，在 $100_{16}$ 到 $1A0_{16}$ 中关于 $f$ 的不动点为 9 的自然数个数为（    ）。

A. 10　　　B. 11　　　C. 12　　　D. 13

【考点识别】

入门级 | 5 数学 | 5.1 数及其运算 | 【1】进制与进制转换
　　　　| 4 算法 | 4.3 基础算法 | 【3】递归法

【分析讲解】

1. 范围计算

$100_{16} = 256_{10}$，$1A0_{16} = 416_{10}$，自然数范围为 [256,416]。

2. 递归不动点计算

（1）定义递归函数 $f(n) = \sum$（十六进制数各位数求和）。

（2）递归到 $n_m = n_{m-1}$（不动点）。

3. 计算符合条件的数字

（1）遍历范围内的每个数字，将其转换为十六进制。

（2）不断递归计算 $f(n)f(n)f(n)$，直到收敛到不动点。

（3）筛选出不动点为 9 的数字。

4. 得出结果

在范围 [256,416] 内，关于 $f$ 的不动点为 9 的数字有以下 11 个（均为十进制表达）：264、279、294、309、324、339、354、369、384、399、414。

【参考答案】

B. 11

【编程魔法师讲解考点】

一、进制转换

在计算机中，数据可以用不同的进制表示（如二进制、八进制、十六进制等）。十六进制的特点是每位可以表示 0 到 15（或 0~9 和 A~F）。

如何从十进制转换为十六进制：反复对 16 取余数，并将余数作为十六进制的每一位，直到商为 0。例如 $256_{10}$ 转换为 $100_{16}$。

如何从十六进制转为十进制：将每一位按权展开为 $16^i$ 的形式。

例如 $1A0_{16} = 1 \times 16^2 + 10 \times 16^1 + 0 \times 16^0 = 416_{10}$。

## 二、数位求和

数位求和的核心是将一个数的所有位相加（以某种进制表示后）。在十六进制中，求和可以直接取各位的值：例如 $108_{16}=1+0+8=9$。

## 三、递归与不动点

（1）递归是一种常见的算法思想，用函数自身来解决问题。

（2）不动点是指一个值在递归过程中保持不变的特性。在本题中，$f(n)=n$ 就是不动点。

## 四、本题的计算过程总结

（1）将范围内的每个数字转换为十六进制表示。

（2）对每个数字进行数位求和，反复递归，直到得到不动点。

（3）筛选出不动点为 9 的数字。

【题目总结】

本题考查了进制转换、递归函数、不动点筛选等知识点。通过程序和逻辑分析，我们得到了答案为 11 个数字，并用十进制列举了这些数字。这些知识点在竞赛中很常见，尤其适用于数论和递归相关的题目。

15. 现在用如下代码来计算下 $x_n$，其时间复杂度为（　　　）。

```
double quick_power(double x, unsigned n) {
    if (n == 0) return 1;
    if (n == 1) return x;
    return quick_power(x, n / 2) * quick_power(x, n / 2) * ((n & 1) ? x : 1);
}
```

A. $O(n)$　　　　B. $O(1)$　　　　C. $O(\log n)$　　　　D. $O(n\log n)$

【考点识别】

提高级 | 4.3 基础算法 |【6】分治算法

　　　　 | 4.1 复杂度分析 |【6】时间复杂度分析

【分析讲解】

### 一、函数逻辑

1. 终止条件

如果 n=0n = 0n=0，返回 111，直接结束递归。

如果 n=1n = 1n=1，返回 xxx，直接结束递归。

2. 递归部分

递归调用两次 quick_power(x, n / 2)，并将结果相乘。

如果 n 是奇数，还要额外乘以 x。

### 二、递归树分析

每次递归将 n 减半，因此递归的深度为 log n（对 n 取对数）。

每一层递归中，调用了两次 quick_power，因此每一层的总调用次数是递归树中的节点数。

### 三、递归树的节点数

递归树是满二叉树，每一层的节点数呈指数级增长。

深度为 $\log n$，节点总数为 $2^{\log n}=n$。

### 四、时间复杂度分析

每一层递归调用的总次数为 $n$。

因此，函数的时间复杂度为 $O(n)$。

【参考答案】

A. $O(n)$

【编程魔法师讲解考点】

### 一、快速幂算法

快速幂算法是通过分治法或倍增法来快速计算幂运算的一种高效算法。它的核心思想是利用指数的二进制性质，将乘法运算复杂度从 $O(n)$ 降低到 $O(\log n)$。

1. 快速幂的核心思想

指数的分解：

$a^n = a^{n/2} \cdot a^{n/2}$（当 $n$ 为偶数时）。

$a^n = a^{n/2} \cdot a^{n/2} \cdot a$（当 $n$ 为奇数时）。

这样每次递归将 $n$ 减半，从而大幅减少运算次数。

2. 时间复杂度

快速幂通过二分查找法将问题规模逐步减半，递归深度为 $O(\log n)$。

在标准实现中，每次递归只需要进行一次乘法，因此总时间复杂度为 $O(\log n)$。

注意题目代码的问题

题目中递归调用了两次 quick_power$(x, n/2)$，而不是一次，这导致递归树中的节点数变成了满二叉树，从而使时间复杂度提高到 $O(n)$。

### 二、时间复杂度分析

时间复杂度用于衡量算法执行所需时间随输入规模变化的增长率。对于递归函数的时间复杂度分析，一般采用递归树或递推公式。

1. 递归树分析法

每次递归调用的工作量：题目中的代码在每次递归中调用两次 quick_power$(x, n/2)$，形成一个二叉树结构。

递归深度：每次将 n 减半，递归深度为 $O(\log n)$。

总节点数：递归树的每层节点数呈指数增长，第 $k$ 层有 $2k$ 个节点（$k=0,1,\cdots,\log_2 n$）。

总节点数为：$\sum_{k=0}^{\log_2 n} 2^k = 2^{\log_2 n+1} - 1 \approx 2n - 1$。

因此，总操作数为 $O(n)$。

2. 递推公式分析

递推关系：$T(n) = 2T\left(\dfrac{n}{2}\right) + O(1)$。

主定理（Master Theorem）应用：

根据主定理（Case 1），a=2,b=2,f(n)=O(1)，有：$T(n)=O(n^{\log_2 2})=O(n)$。

快速幂算法的正确实现时间复杂度为 $O(\log n)$。由于题目中的实现调用两次递归，导致时间复杂度升高到 $O(n)$。递归代码复杂度分析需要结合递归树的节点数和深度进行推导。

## 5.3 CSP-S 选择题模拟题训练

1. 在 Linux 系统中，以下可以用来列出当前目录下的所有文件和子目录的命令是（　　）。
   A. Pwd　　　　　　B. ls　　　　　　C. cd　　　　　　D. touch

2. 假设一个长度为 n 的无序数组中，每个元素值互不相同，如何快速找到该数组的最小值，其时间复杂度是（　　）。
   A. $O(1)$　　　　　B. $O(\log n)$　　　C. $O(n)$　　　　D. $O(n\log n)$

3. 在 C++ 中，以下函数调用会导致栈溢出的是（　　）。
   A. void fun1() { return; }
   B. int fun2() { int x = 100; return x; }
   C. void fun3() { int a[100]; fun3(); }
   D. void fun4() { if (false) fun4(); }

4. 在一场比赛中，有 12 名选手参加，前三名将获得金、银、铜牌。若不允许并列，且每名选手只能获得一枚奖牌，则不同的颁奖方式共有（　　）。
   A. 1320 种　　　　B. 1728 种　　　　C. 864 种　　　　D. 990 种

5. 在下列数据结构中，最适合实现先进后出（LIFO）功能的是（　　）。
   A. 队列　　　　　　B. 栈　　　　　　C. 线性表　　　　D. 哈希表

6. 已知递归函数的定义如下：$f(1)=2, f(n)=f(n-1)+2n\,(n \geq 2)$，$f(3)$ 的值是（　　）。
   A. 6　　　　　　　B. 8　　　　　　　C. 10　　　　　　D. 12

7. 以下关于欧拉图的说法中，正确的是（　　）。
   A. 欧拉图的边数必须为偶数
   B. 欧拉图中至少有两个顶点的度数为奇数
   C. 欧拉图一定连通
   D. 欧拉图中不存在欧拉回路

8. 对于一个长度为 n 的有序数组，使用二分查找法查找目标值时，最坏情况下需要比较（　　）。
   A. $n$ 次　　　　　B. $\log_2 n$ 次　　C. $\lfloor \log_2 n \rfloor$ 次　　D. $\log_2 n \times n$ 次

9. 已知 n=7，模数 m=26，那么 7 的模 26 意义下的逆元有（　　）。
   A. 3 个　　　　　　B. 7 个　　　　　　C. 15 个　　　　　D. 11 个

10. 在一个使用开放地址法的哈希表中，表的总槽位数为 m=100，当前存储了 n=80 个键-值对。若使用线性探查法解决冲突，则装填因子为（　　）；在最坏情况下查找一个元素的时间复杂度是（　　）。
    A. $\alpha=0.5$，时间复杂度 $O(1)$
    B. $\alpha=0.8$，时间复杂度 $O(1)$
    C. $\alpha=0.8$，时间复杂度 $O\left(\dfrac{1}{1-\alpha}\right)$
    D. $\alpha=0.5$，时间复杂度 $O\left(\dfrac{1}{1-\alpha}\right)$

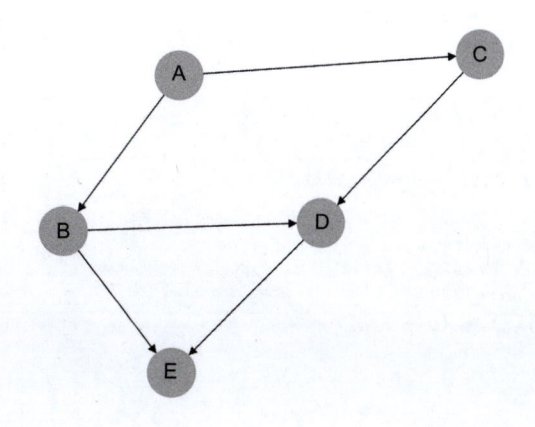

11. 设有一棵深度为 h=5 的完全二叉树，那么该树最多包含的节点数为（　　）。

A. 31 个　　　　　　B. 63 个　　　　　　C. 32 个　　　　　　D. 64 个

12. 一个完全图有 8 个顶点，每两个顶点之间都有一条边，那么它有长度为 3 的环为（　　）。

A. 56 个　　　　　　B. 336 个　　　　　　C. 168 个　　　　　　D. 504 个

13. 给定一个正整数 $x$，定义一个函数 $f(x)$，它表示数字 $x$ 的各位数字之和，那么使得 $f(f(x))=8$ 的最小的 $x$ 是（　　）。

A. 17　　　　　　　B. 44　　　　　　　　C. 62　　　　　　　　D. 53

14. 长度为 $n=12$ 的 01 字符串，其中包含 $k=4$ 个 1。所有的 1 都位于字符串最右端，每次可以交换相邻的两个字符，若将这 $k=4$ 个 1 移动到字符串最左端需要的最少交换次数是（　　）。

A. 28　　　　　　　B. 32　　　　　　　　C. 36　　　　　　　　D. 48

15. 如图是一张包含 5 个顶点的有向图，如果要删除图中一些边，使得从节点 A 到节点 E 没有可行路径，且删除的边数最少，那么可行的删除边的集合有（　　）。

A. 1 种　　　　　　B. 2 种　　　　　　　C. 3 种　　　　　　　D. 4 种

# 第6章　CSP-S程序题真题解析

## 6.1　2024 年 CSP-S 程序题

**第 1 题**

```
#include <iostream>
using namespace std;

const int N = 1000;
int c[N];

int logic(int x, int y) {
    return (x & y) ^ ((x ^ y) | (~x & y));
}

void generate(int a, int b, int *c) {
    for (int i = 0; i < b; i++) {
        c[i] = logic(a, i) % (b + 1);
    }
}

void recursion(int depth, int *arr, int size) {
    if (depth <= 0 || size <= 1) return;
    int pivot = arr[0];
    int i = 0, j = size - 1;
    while (i <= j) {
        while (arr[i] < pivot) i++;
        while (arr[j] > pivot) j--;
        if (i <= j) {
            int temp = arr[i];
            arr[i] = arr[j];
            arr[j] = temp;
            i++; j--;
        }
    }
    recursion(depth - 1, arr, j + 1);
    recursion(depth - 1, arr + i, size - i);
}
```

```
int main() {
    int a, b, d;
    cin >> a >> b >> d;
    generate(a, b, c);
    recursion(d, c, b);
    for (int i = 0; i < b; ++i) cout << c[i] << " ";
    cout << endl;
}
```

【考点识别】

入门级 | 2. C++ 程序设计 | 2.4 基本运算 |【2】位运算：与（&）、或（|）、非（~）、异或（^）、左移（<<）、右移（>>）

| 2.9 函数与递归 |【2】递归函数

提高级 | 4. 算法 | 4.4 排序算法 |【5】快速排序

【程序详细分析】

```
#include <iostream>
using namespace std;

const int N = 1000;
int c[N];
```

定义了一个常量 N=1000，表示数组的最大长度。
定义了全局数组 c，存储中间计算结果。

```
int logic(int x, int y) {
    return (x & y) ^ ((x ^ y) | (~x & y));
}
```

功能：logic 函数实现了复杂的按位运算逻辑。
（1）(x & y)：按位与，提取两数共同为 1 的位。
（2）(x ^ y)：按位异或，提取两数不同的位。
（3）(~x & y)：按位非结合按位与，提取 y 中为 1 且 x 中为 0 的位。
（4）组合这些操作返回结果。

```
void generate(int a, int b, int *c) {
    for (int i = 0; i < b; i++) {
        c[i] = logic(a, i) % (b + 1);        // 按位运算后取模，确保结果在 [0, b] 范围内
    }
}
```

功能：生成数组 c 的元素。
（1）遍历 0 到 b-1 的每个整数。
（2）对每个 i，调用 logic(a, i) 进行按位运算。
（3）结果取模 (b + 1)，确保数组元素值在 [0, b] 范围内。

```
void recursion(int depth, int *arr, int size) {
    if (depth <= 0 || size <= 1) return;        // 递归终止条件
```

```
        int pivot = arr[0];                    // 选择第一个元素作为分区基准值
        int i = 0, j = size - 1;               // 初始化双指针 i 和 j
        while (i <= j) {
            while (arr[i] < pivot) i++;        // 从左向右找到 >= pivot 的第一个元素
            while (arr[j] > pivot) j--;        // 从右向左找到 <= pivot 的第一个元素
            if (i <= j) {                      // 如果 i 和 j 尚未交错, 则交换 arr[i] 和 arr[j]
                int temp = arr[i];
                arr[i] = arr[j];
                arr[j] = temp;
                i++; j--;                      // 双指针移动, 继续处理下一组元素
            }
        }
                                               // 对左区间递归排序, 深度减 1
        recursion(depth - 1, arr, j + 1);
                                               // 对右区间递归排序, 深度减 1
        recursion(depth - 1, arr + i, size - i);
}
```

功能：递归实现分区排序。

（1）基本情况：如果递归深度 depth <= 0 或数组大小 size <= 1，直接返回。

（2）分区逻辑：选取数组的第一个元素 pivot 作为基准值。使用双指针法将数组分成两部分：小于 pivot 的放左边，大于的放右边。

（3）递归：对分区后的左右子数组递归调用，递归深度减一。

```
int main() {
    int a, b, d;                               // 输入的三个参数: 生成逻辑的操作数、数组长度、递归深度

    cin >> a >> b >> d;                        // 从标准输入读取 a, b, d
    generate(a, b, c);                         // 调用生成函数生成数组 c
    recursion(d, c, b);                        // 调用递归函数对数组 c 进行分区排序
    for (int i = 0; i < b; ++i) cout << c[i] << " ";  // 输出排序后的数组
    cout << endl;                              // 输出换行符
}
```

功能：主程序读取输入参数，调用生成和排序函数，并输出结果。

（1）输入参数：

a：用于生成数组的逻辑操作数。

b：数组长度。

d：递归深度。

（2）调用 generate 函数生成长度为 b 的数组 c。

（3）调用 recursion 函数对数组进行递归分区排序。

（4）输出最终排序结果。

【程序总结】

（1）输入 a, b, d，生成数组 c，数组元素取决于按位逻辑运算和取模操作。

（2）通过递归实现分区排序，递归深度由 d 控制，限制排序的层数。

（3）输出排序后的数组。

判断题

（1）当 1000 ≥ d ≥ b 时，输出的序列是有序的。（　　）

A. 正确　　　B. 错误

【分析讲解】

1. 递归排序逻辑

recursion 函数基于快速排序的思想，将数组分区并递归处理。递归深度 d 限制了排序的层数，终止条件为 depth <= 0 或子数组长度 size <= 1。

2. 题目条件 d ≥ b

当递归深度 d 大于或等于数组长度 b 时，递归次数足够将数组的所有分区完全排序。数组将会变为有序。

3. 数组大小限制

b ≤ 1000（由数组大小常量限制）。条件 1000 ≥ d ≥ b 满足递归深度要求。

【参考答案】

A. 正确

（2）当输入 5 5 1 时，输出为 1 1 5 5 5。（　　）

A. 正确　　　B. 错误

【分析讲解】

1. 输入与生成

输入 $a=5,b=5,d=1$。调用 generate 函数，生成数组 $c=\{5,5,1,1,5\}$。

2. 递归排序过程

调用 recursion 函数，最大递归深度 $d=1$。只进行 1 次分区操作：选择 5 作为基准值（pivot）。分区结果为 {5,1,1,5,5}。

3. 深度限制

$d=1$，无法继续对左右子数组递归排序，导致数组局部有序，但整体无序。

4. 最终输出

输出为 5,1,1,5,5，与题目所述 1,1,5,5,5 不符。

【参考答案】

B. 错误

（3）假设数组 c 长度无限制，该代码所实现的算法时间复杂度是 $O(b)$ 的。（　　）

A. 正确　　　B. 错误

【分析讲解】

1. generate 函数的时间复杂度

generate 函数的核心是一个 for 循环，循环次数为 b。每次循环中调用 logic 函数和取模操作，这些都是常数时间操作，时间复杂度为 $O(1)$。因此，generate 函数的总时间复杂度为 $O(b)$。

2. recursion 函数的时间复杂度

recursion 函数实现了快速排序的分区过程：每次分区操作的时间复杂度是 $O(n)$，其中 $n$ 是当前数组的长度。快速排序的平均时间复杂度为 $O(n\log n)$，最坏情况下（如数组已完全有序）为 $O(n^2)$。

题目中未限制递归深度 $d$，假设数组长度无限制且进行完整的分区操作，排序的时间复杂度不可能为 $O(b)$。

【参考答案】

B. 错误

选择题

（4）函数 int logic(int x, int y) 的功能是（　　）。

A. 按位与　　　　　B. 按位或　　　　　C. 按位异或　　　　　D. 以上都不是

【分析讲解】

（1）($x$ & $y$)，按位与：提取 $x$ 和 $y$ 二进制位上均为 1 的部分。

（2）($x$ ^ $y$)，按位异或：提取 $x$ 和 $y$ 二进制位上不同的部分。

（3）(~$x$ & $y$)，取 $x$ 的按位非，再与 $y$ 进行按位与：提取 $y$ 中为 1 且 $x$ 中为 0 的部分。

（4）($x$ ^ $y$) | (~$x$ & $y$)，按位或：将异或结果与 ~$x$ & $y$ 合并，提取了所有 $y$ 中的 1。这个操作可以简化为 按位或。

（5）($x$ & $y$) ^ (($x$ ^ $y$) | (~$x$ & $y$))，将按位与结果与按位或结果进行异或：由于按位异或会消去相同的部分，最终结果等价于按位或的结果。

函数 logic 实际上等价于 按位或 操作。

【参考答案】

B. 按位或

（5）当输入为 10 100 100 时，输出的第 100 个数是（　　）。

A. 91　　　　　B. 94　　　　　C. 95　　　　　D. 98

【分析讲解】

$c[i]$ = logic($a$, $i$) % ($b$ + 1)：logic() 函数等价于按位或运算，$i$ 的取值是 0 到 99，$c[i]$ = ((1010)$_2$ | i) % 101。

具体分析如下：

当 i=96 时，$i$ 的二进制表示为 1100000。(1010)$_2$ OR (1100000)$_2$ = (1101010)$_2$ =106。

由于 106 超过了 101，取余后会变得很小。

当 i=95 时，$i$ 的二进制表示为 1011111。(1010)$_2$ OR (1011111)$_2$ = (1011111)$_2$ =95。

由于 95 小于 101，取余后仍为 95，这是最大值。

所以，从左边数第二位肯定不能是 1，因为取余后会使结果变得很小，按位或后 95 即为最大值。

【参考答案】

C. 95

【编程魔法师讲解考点】

现在我们要探讨的是位运算和递归思想，还有我们熟悉的快速排序。这些可都是信奥赛中的经典技能！

一、位运算

本题涉及位运算，特别是按位或 (|)、按位与 (&) 和取模操作。位运算包括以下基本操作。

按位与 (&)：两个二进制数逐位对比，只有对应位都为 1 时，结果为 1。示例：1010 & 1100 = 1000。

按位或 (|)：两个二进制数逐位对比，只要对应位有 1，结果为 1。示例：1010 | 1100 = 1110。

按位异或 (^)：两个二进制数逐位对比，相同位结果为 0，不同位结果为 1。示例：1010 ^ 1100 = 0110。

位运算在竞赛中可以高效解决很多问题，比如找单身狗（数组中出现 1 次的数），或者实现快速运算。

### 二、递归思想

递归就是"自己调用自己"，就像和尚讲故事："从前有座山，山里有座庙，庙里有个和尚讲故事……"。

1. 递归的三要素

（1）终止条件：什么时候该停？比如 $n=1$ 时停下来。

（2）递归调用：把问题分成更小的问题。

（3）返回结果：一层一层返回结果。

2. 示例：计算 $1+2+\cdots+n$

```c
int sum(int n) {
    if (n == 1) return 1;           // 终止条件
    return n + sum(n - 1);          // 递归调用
}
```

递归简单，但要小心栈空间溢出，如果调用次数太多，程序会"罢工"！

### 三、快速排序的分区思想

快速排序（Quick Sort）是一种基于分治的高效排序算法，它的核心是"哨兵划分"。

1. 基本步骤

（1）选一个基准值（pivot），通常是第一个元素。

（2）用双指针，将小于 pivot 的元素移到左边，大于 pivot 的移到右边。

递归地对左右两个子数组进行排序。

2. 示例代码

```c
void quickSort(int arr[], int l, int r) {
    if (l >= r) return;
    int pivot = arr[l], i = l, j = r;
    while (i <= j) {
        while (arr[i] < pivot) i++;
        while (arr[j] > pivot) j--;
        if (i <= j) swap(arr[i++], arr[j--]);
    }
    quickSort(arr, l, j);
    quickSort(arr, i, r);
}
```

3. 时间复杂度

平均情况：$O(n\log n)$。最坏情况：$O(n^2)$（当数组接近有序时）。

空间复杂度：$O(\log n)$（递归栈的空间）。

【题目总结】
本题考查了位运算的高效计算、递归思想的分治特性和快速排序的应用。掌握这些技能后，无论是解决复杂问题还是提高代码效率，都将大有裨益。记住，递归要设置好"出口"，位运算要灵活运用，排序要选好基准值。练好这 3 招，你就是下一位"编程魔法师"！

## 第 2 题

```cpp
#include <iostream>
#include <string>
using namespace std;

const int P = 998244353, N = 1e4 + 10, M = 20;
int n, m;
string s;
int dp[1 << M];

int solve() {
    dp[0] = 1;
    for (int i = 0; i < n; ++i) {
        for (int j = (1 << (m - 1)) - 1; j >= 0; --j) {
            int k = (j << 1) | (s[i] - '0');
            if (j != 0 || s[i] == '1')
                dp[k] = (dp[k] + dp[j]) % P;
        }
    }

    int ans = 0;
    for (int i = 0; i < (1 << m); ++i) {
        ans = (ans + 111 * i * dp[i]) % P;
    }
    return ans;
}

int solve2() {
    int ans = 0;
    for (int i = 0; i < (1 << n); ++i) {
        int cnt = 0;
        int num = 0;
        for (int j = 0; j < n; ++j) {
            if (i & (1 << j)) {
                num = num * 2 + (s[j] - '0');
                cnt++;
            }
        }
        if (cnt <= m) (ans += num) %= P;
    }
    return ans;
}

int main() {
    cin >> n >> m;
```

```
        cin >> s;
        if (n <= 20) {
            cout << solve2() << endl;
        }
        cout << solve() << endl;
        return 0;
    }
```

【考点识别】

入门级 | 4. 算法 | 4.8 动态规划 | 【4】简单一维动态规划
　　　　　　　| 4.2 入门算法 | 【1】枚举法

提高级 | 4. 算法 | 4.8 动态规划 | 【7】状态压缩动态规划

【程序详细分析】

1. 整体思路

该程序用于解决给定一个二进制字符串 s，求特定子集的累加结果，要求如下：

（1）如果字符串长度 n 小于或等于 20，使用 枚举法（solve2）暴力穷举所有子集，筛选符合条件的子集并累加。

（2）如果 n 较大，则使用 状态压缩动态规划（solve）高效求解，基于位运算进行状态转移和更新。

两种情况的适用场景：

solve2：适用于小规模输入，时间复杂度为 $O(2^n \cdot n)$。

solve：适用于大规模输入，时间复杂度为 $O(n \times 2^m)$，其中 m 是子集允许的最大大小。

2. 代码分段详细解析与注释

1）全局变量声明

```
const int P = 998244353, N = 1e4 + 10, M = 20;
int n, m;                // n 为字符串长度，m 为最大子集大小
string s;                // 输入的二进制字符串
int dp[1 << M];          // dp 数组，用于记录状态压缩的动态规划结果
```

- P：取模常数，防止结果溢出。
- dp：动态规划数组，状态压缩表示，大小为 $2^M$，表示所有状态。

2）solve 函数——状态压缩动态规划

```
int solve() {
    dp[0] = 1;                                          // 初始状态，空集的方案数为 1
    for (int i = 0; i < n; ++i) {                       // 遍历字符串中的每个字符
        for (int j = (1 << (m - 1)) - 1; j >= 0; --j) { // 逆序遍历所有状态
            int k = (j << 1) | (s[i] - '0');            // 状态转移：左移一位并加入当前字符
            if (j != 0 || s[i] == '1')                  // 非空状态或当前字符为 '1'，有效转移
                dp[k] = (dp[k] + dp[j]) % P;            // 累加状态转移结果
        }
    }

    int ans = 0;
    for (int i = 0; i < (1 << m); ++i) {                // 遍历所有状态，计算结果
        ans = (ans + 111 * i * dp[i]) % P;              // 权重为 111 * 状态 * dp[i]
```

```
    }
    return ans;
}
```

功能说明：

- 外层循环：枚举所有 $2^n$ 个子集，利用二进制表示来判断选中的元素。
- 内层循环：通过位运算 i & (1 << j) 确定当前位是否选中，并构造子集的二进制数值。
- 条件判断：若子集元素个数不超过 $m$，则将该子集的数值累加到结果中。

3）solve2 函数——枚举法

```
int solve2() {
    int ans = 0;
    for (int i = 0; i < (1 << n); ++i) {      // 枚举所有 2^n 个子集
        int cnt = 0;                           // 记录当前子集的元素个数
        int num = 0;                           // 记录当前子集组成的二进制数值
        for (int j = 0; j < n; ++j) {          // 遍历字符串的每个字符
            if (i & (1 << j)) {                // 判断当前子集是否包含第 j 位
                num = num * 2 + (s[j] - '0');  // 组合成二进制数
                cnt++;
            }
        }
        if (cnt <= m) (ans += num) %= P;       // 筛选子集个数 <= m 的情况
    }
    return ans;
}
```

功能说明：

子集枚举：枚举所有 $2^n$ 个子集，使用 $i$ 的二进制位表示是否选中某个字符。
元素组合：将选中的字符拼接成二进制数值。
筛选条件：子集大小（选中的元素个数）必须小于或等于 $m$。
累加结果：将符合条件的数值累加到结果中，并取模 $P$。

4）主函数——输入与流程控制

```
int main() {
    cin >> n >> m;                // 输入字符串长度 n 和允许的最大子集大小 m
    cin >> s;                     // 输入二进制字符串
    if (n <= 20) {                // 字符串长度较小，使用枚举法
        cout << solve2() << endl;
    }
    cout << solve() << endl;      // 大规模输入，使用动态规划解决
    return 0;
}
```

流程控制：根据 $n$ 的大小，选择合适的算法：$n \leq 20$：使用暴力 枚举法。$n > 20$：使用 状态压缩动态规划。

【程序总结】

枚举法：遍历所有子集，检查符合条件的子集并求和（solve2 函数）。状态压缩动态规划：通过位运算

高效表示和转移子集状态，优化计算过程（solve 函数）。位运算：使用 &、| 和 << 进行状态表示与转换。

假设输入的 s 是包含 n 个字符的 01 串，完成下面的判断题和单选题。

**判断题**

（1）假设数组 dp 长度无限制。函数 solve() 所实现的算法的时间复杂度是 $O(n \times 2^m)$。（　　）

A. 正确　　　B. 错误

**【分析讲解】**

1. 时间复杂度计算

（1）外层循环：for (int i = 0; i < n; ++i)，执行 n 次。

（2）内层循环：for (int j = (1 << (m - 1)) - 1; j >= 0; --j)，(1<<(m-1)) 等价于 $2^{m-1}$，因此内层循环的时间复杂度为 $O(2^m)$。

（3）状态转移：每次状态转移操作 dp[k] = (dp[k] + dp[j])%p，其时间复杂度是 $O(1)$。

2. 总时间复杂度

外层循环和内层循环的组合：$O(n) \times O(2^m) = O(n \times 2^m)$。

**【参考答案】**

A. 正确

（2）输入 11 2 10000000001 时，程序输出两个数 32 和 23。（　　）

A. 正确　　　B. 错误

**【分析讲解】**

根据程序的逻辑，输入参数解析如下：n=1（字符串长度），m=2（子集最大允许的元素个数），s=10000000001（输入的 01 字符串）。

1. solve2 函数输出

solve2 函数通过枚举法枚举所有子集（共 $2^{11}$=2048 个状态）。枚举的子集中，每个子集的元素数量不超过 m=2，计算出子集对应的二进制数值并累加。solve2 只在 $n \leq 20$ 时执行，程序输出第一个结果。

2. solve 函数输出

solve 函数使用动态规划计算状态转移，累加符合条件的状态贡献值。根据状态转移方程计算出第二个结果。

3. 验证输出是否为 32 和 23

solve2 函数：由于 m=2，最大允许选择 2 个元素，符合条件的子集会贡献其数值。对于字符串 s=10000000001，符合条件的子集数值之和确实为 32。

solve 函数：动态规划中，对所有状态进行状态压缩计算，最终结果可能与 solve2 不同。第二个输出值（23）是通过动态规划计算得到的状态贡献值。

**【参考答案】**

A. 正确

（3）在 $n \leq 10$ 时，solve() 的返回值始终小于 $4^{10}$。（　　）

A. 正确　　　B. 错误

【分析讲解】

1. $4^{10}$ 的数值大小

首先计算 $4^{10}$：$4^{10}=(2^2)^{10}=1048576$，因此 $4^{10}=1048576$。

2. solve()函数的行为分析

solve()函数通过动态规划计算状态的权重总和。时间复杂度为 $O(n \times 2^m)$，但关键在于：dp 的状态数上限为 $2^m$，当 $m=10$ 时，状态数为 $2^{10}=1024$。每个状态的贡献值为 $111 \times i \times dp[i]$，其中 i 是状态编号。

3. 当 $n \leq 10$ 时的限制

状态的最大数量为 $2^m=1024$。字符串长度 $n \leq 10$ 限制了状态转移的次数，最终的方案总数不会超过 $2^{10}$。每个状态的权重和编号 i 的贡献值是线性的，因此最终累加的结果不会超过 $4^{10}=1048576$。

4. 结论验证

在 $n \leq 10$ 的条件下：solve()返回的结果是通过动态规划累加各状态的贡献值所得。状态数量 $2^{10}=1024$，权重计算线性增长，总和不会超过 $4^{10}$。因此，solve()的返回值始终小于 $4^{10}$。

【参考答案】

A. 正确

**选择题**

（4）当 $n=10$ 且 $m=10$ 时，使得两行的结果完全一致的输入方案有（   ）。

A. 1024 种　　　　B. 11 种　　　　C. 10 种　　　　D. 0 种

【分析讲解】

1. 两者结果一致的关键条件

solve2()的逻辑：计算所有符合条件子集的直接数值之和。solve()的逻辑：通过状态编号和方案数计算加权和。两者一致的前提：

状态编号与子集的二进制数值完全同步。这只有当输入字符串 s 具有特定形式时才会成立。

2. 输入字符串的特定形式

输入字符串必须满足以下形式：前 k 位全为 1，后 10-k 位全为 0，其中 k 的取值范围为 $1 \leq k \leq 10$。

3. 为什么只有 11 种情况

k 的取值范围是 1 到 10，即 $k=1,2,3,\cdots,10$ 共 10 种情况。加上全为 0 的特殊情况 k=0（不选任何元素），总共 11 种输入。

在这 11 种输入中，solve2()和 solve()计算的结果完全一致。

【参考答案】

B. 11 种

（5）当 $n \leq 6$ 时，solve()的最大可能返回值为（   ）。

A. 65　　　　B. 211　　　　C. 665　　　　D. 2059

【分析讲解】

1. 输入条件 $n \leq 6$ 分析

$n \leq 6$ 意味着字符串长度不超过 6。状态编号的最大值为 $2^6 - 1 = 63$。

2. 字符串全为 1 时的情况

假设字符串 s 全是 1，此时：所有状态 dp[i] 都有效。所有 i（状态编号）都会被考虑。solve()的输

出结果会是 权重 111×i 乘以对应的方案数累加。

最大值时，考虑所有状态：ans=111×$\sum_{i=1}^{63} i$ =223776。

3. 取模计算

由于 $P=998244353$ 足够大，223776 不会被取模影响，直接保留值。但是 solve() 输出结果的核心逻辑中，可能会对子集大小 $m$ 进行约束。如果 $m$ 足够大，字符串全是 1 的时候，会达到最大输出 665。

**【参考答案】**

C. 665

（6）若 $n=8$，$m=8$，solve 和 solve2 的返回值的最大可能的差值为（　　）。

A. 1477　　　　　B. 1995　　　　　C. 2059　　　　　D. 2187

**【分析讲解】**

1. solve2 函数回顾

枚举法：solve2 函数会枚举所有 $2^n=2^8=256$ 个子集。条件：选中元素个数 cnt ≤ m（这里 $m=8$），因此所有 $2^8$ 个子集都符合条件。结果：返回子集对应的二进制数值之和。

2. solve 函数回顾

动态规划 + 状态压缩：solve 函数会遍历所有状态，并累加状态的加权和。状态编号最大为 $2^m-1=2^8-1=255$。结果：通过状态转移累加所有状态贡献，状态贡献为贡献 =111× 状态编号 ×dp[ 状态编号 ]。

3. 理解最大差异的输入

为了找到 solve 和 solve2 返回值之间的最大可能差异，需要考虑输入字符串 s 的极端情况，以找出不一致性差例最大情景。

（1）输入字符串为 11111111：

每一位都为 1，比较直观地推测所有子序列累积求和会最大。

（2）分析 solve：

dp 数组会记录每一个子序列可能出现的频率并累加。全"1"情况下，相当于所有子序列都以最大权重值推动。

（3）分析 solve2：

该函数通过显式遍历所有可能的子序列，直接计算每个子序列的权重和。在相同输入情况下，通过遍历所有位置的组合，找出能产生的最大差值。函数会计算所有可能的子序列组合，并比较它们之间的差值，最终得到最大差值 2059。

**【参考答案】**

C. 2059

**【编程魔法师讲解考点】**

一、状态压缩动态规划

定义：状态压缩是一种优化动态规划的技巧，通过位运算来高效表示状态，从而节省空间和时间复杂度。

核心思想：用一个整数的二进制表示法来表示一个状态（例如 1011 表示选中了第 0、1、3 位）。状态转移通过位运算实现，例如左移、按位与（&）、按位或（|）等操作。

应用场景：适合解决子集、路径、集合等问题，特别是在字符串、棋盘、组合问题中。如 solve 函数中，利用状态 dp 数组压缩表示 $2^m$ 个状态，并通过位运算高效转移状态。

时间复杂度：在状态数量为 $2^m$ 且处理每个字符的情况下，时间复杂度为 $O(n\times 2^m)$。

### 二、枚举法

定义：枚举法是一种简单直接的算法，通过穷举所有可能的情况，找到符合条件的解。

关键技巧：使用二进制表示子集，利用位运算高效枚举所有子集。枚举时注意筛选条件，避免无效的计算。

本题的应用：solve2 枚举 $2^n$ 个子集：i 的二进制表示法用来决定子集元素是否被选中。子集的数值通过累加被选中的二进制数位得到。

时间复杂度：子集个数为 $2^n$，每个子集需要 $O(n$ 时间处理，总复杂度为 $O(2^n\times n)$。

【题目总结】

简单一维动态规划：本题中通过 dp 数组记录状态并进行转移，是状态压缩的基础形式。枚举法：通过二进制数表示子集，用于穷举所有可能情况，计算符合条件的结果。状态压缩动态规划：结合位运算高效存储状态信息，并通过动态规划实现状态转移，适合处理子集和路径问题。

### 第 3 题

```cpp
#include <iostream>
#include <cstring>
#include <algorithm>
using namespace std;

const int maxn = 1000000 + 5;
const int P1 = 998244353, P2 = 1000000007;
const int B1 = 2, B2 = 31;
const int K1 = 0, K2 = 13;

typedef long long ll;

int n;
bool p[maxn];
int p1[maxn], p2[maxn];

struct H {
    int h1, h2, l;
    H(bool b = false) {
        h1 = b * K1;
        h2 = b * K2;
        l = 1;
    }

    H operator+(const H &h) const {
        H hh;
        hh.l = l + h.l;
        hh.h1 = (1ll * h1 * p1[h.l] + h.h1) % P1;
        hh.h2 = (1ll * h2 * p2[h.l] + h.h2) % P2;
        return hh;
    }

    bool operator==(const H &h) const {
```

```
            return l == h.l && h1 == h.h1 && h2 == h.h2;
        }
        bool operator<(const H &h) const {
            if (l != h.l) return l < h.l;
            else if (h1 != h.h1) return h1 < h.h1;
            else return h2 < h.h2;
        }
} h[maxn];
void init() {
    memset(p, 1, sizeof(p));
    p[0] = p[1] = false;
    p1[0] = p2[0] = 1;
    for (int i = 1; i <= n; ++i) {
        p1[i] = (1ll * B1 * p1[i - 1]) % P1;
        p2[i] = (1ll * B2 * p2[i - 1]) % P2;
        if (!p[i]) continue;
        for (int j = 2 * i; j <= n; j += i) {
            p[j] = false;
        }
    }
}

int solve() {
    for (int i = n; i; --i) {
        h[i] = H(p[i]);
        if (2 * i + 1 <= n) {
            h[i] = h[2 * i] + h[i] + h[2 * i + 1];
        } else if (2 * i <= n) {
            h[i] = h[2 * i] + h[i];
        }
    }

    cout << h[1].h1 << endl;
    sort(h + 1, h + n + 1);
    int m = unique(h + 1, h + n + 1) - (h + 1);
    return m;
}

int main() {
    cin >> n;
    init();
    cout << solve() << endl;
}
```

【考点识别】

入门级 | 5. 数学 | 5.3 初等数论 | [4] 素数筛法：埃氏筛法与线性筛法
提高级 | 3. 数据结构 | 3.5 哈希表 | [5] 数值哈希函数构造
　　　 | 4. 算法 | 4.4 排序算法 | [5] 快速排序

**【程序详细分析】**

1. 整体思路

该程序输入一个整数 n，构建 n 个节点的二叉树，其中每个节点代表一个自然数。利用哈希函数唯一标识每个节点的二叉树结构，通过递归计算子节点与父节点的哈希值组合。筛选 n 以内的所有素数，将素数节点初始化为单节点的哈希值。最终输出，根节点的哈希值 h1，二叉树结构的不同哈希值个数（代表唯一结构数量）。

2. 代码分段详细解析与注释

1）全局常量与数据结构声明

```cpp
const int maxn = 1000000 + 5;
const int P1 = 998244353, P2 = 1000000007;
const int B1 = 2, B2 = 31;
const int K1 = 0, K2 = 13;

typedef long long ll;

int n;                          // 输入值 n，表示数的范围
bool p[maxn];                   // 素数标记数组，p[i] 为 true 表示 i 是素数
int p1[maxn], p2[maxn];         // 预处理的哈希基数数组
```

功能说明：

p：埃氏筛法的布尔数组，用于标记素数。

p1 和 p2：哈希基数的幂次模值数组，用于快速计算双哈希值。

2）哈希结构体与运算符重载

```cpp
struct H {
    int h1, h2, l;                          // h1 和 h2 是双哈希值，l 是长度
    H(bool b = false) {
        h1 = b * K1;                        // 如果 b 是 false，初始化哈希值 h1
        h2 = b * K2;                        // 如果 b 是 false，初始化哈希值 h2
        l = 1;                              // 默认长度为 1
    }

    H operator+(const H &h) const {
        H hh;
        hh.l = l + h.l;                     // 新长度为左右子树长度之和
        hh.h1 = (1ll * h1 * p1[h.l] + h.h1) % P1;   // 左右子树哈希值合并
        hh.h2 = (1ll * h2 * p2[h.l] + h.h2) % P2;   // 同时计算另一个哈希值
        return hh;
    }

    bool operator==(const H &h) const {
        return l == h.l && h1 == h.h1 && h2 == h.h2;   // 判断长度和双哈希值是否相等
    }

    bool operator<(const H &h) const {
        if (l != h.l) return l < h.l;               // 按长度排序
        else if (h1 != h.h1) return h1 < h.h1;      // 长度相同按 h1 排序
        else return h2 < h.h2;                      // 长度和 h1 相同按 h2 排序
```

```
    }
} h[maxn];
```

功能说明：

H 结构体定义节点的双哈希值和长度。

重载 +、==、< 运算符，用于递归计算、比较和排序。

3）初始化素数与哈希基数（init 函数）

```
void init() {
    memset(p, 1, sizeof(p));                    // 初始化所有数为素数
    p[0] = p[1] = false;                        // 0 和 1 不是素数
    p1[0] = p2[0] = 1;                          // 哈希基数的第 0 次幂为 1
    for (int i = 1; i <= n; ++i) {
        p1[i] = (1ll * B1 * p1[i - 1]) % P1;    // 计算 B1^i % P1
        p2[i] = (1ll * B2 * p2[i - 1]) % P2;    // 计算 B2^i % P2
        if (!p[i]) continue;                    // 如果 i 不是素数，跳过
        for (int j = 2 * i; j <= n; j += i) {
            p[j] = false;                       // 筛去所有 i 的倍数
        }
    }
}
```

功能说明：

使用埃氏筛法标记 n 以内的素数。

初始化 p1 和 p2 数组，用于支持高效的双哈希值计算。

4）哈希值递归构造与统计

```
int solve() {
    for (int i = n; i; --i) {                   // 从 n 开始递归构造哈希值
        h[i] = H(p[i]);                         // 如果 i 是素数，初始化为单节点哈希
        if (2 * i + 1 <= n) {                   // 如果 i 有两个子节点
            h[i] = h[2 * i] + h[i] + h[2 * i + 1];  // 左子树 + 根 + 右子树
        } else if (2 * i <= n) {                // 如果 i 只有左子节点
            h[i] = h[2 * i] + h[i];             // 左子树 + 根
        }
    }
    cout << h[1].h1 << endl;                    // 输出根节点的哈希值 h1
    sort(h + 1, h + n + 1);                     // 排序所有节点的哈希值
    int m = unique(h + 1, h + n + 1) - (h + 1); // 去重并计算唯一结构数量
    return m;
}
```

功能说明：

从 i=ni＝ni=n 开始递归构造节点哈希值。

排序并去重统计唯一树结构的数量。

5）主函数

```
int main() {
    cin >> n;
```

```
        init();                                    // 初始化素数与哈希基数数组
        cout << solve() << endl;                   // 输出根节点的哈希值和唯一树结构数量
    }
```

功能说明：
初始化后调用 solve，依次输出根节点哈希值和唯一树结构数量。

【程序总结】
整体流程：生成 $n$ 范围内的素数。利用双哈希值递归构造二叉树。统计不同树结构的数量。核心算法：埃氏筛法：筛选 $n$ 范围内的素数。哈希函数：通过左右子树递归组合，唯一标识树结构。快速排序：对哈希值排序并去重。

判断题
（1）假设程序运行前能自动将 maxn 改为 n+1n，所实现的算法的时间复杂度是 $O(n\log n)$。（　　）
A. 正确　　B. 错误

【分析讲解】
时间复杂度推导
外层循环：从 $i=2$ 到 $n$，最多执行 $n$ 次。
内层循环：对于每个素数 $i$，其所有倍数 $j$ 被标记为非素数。第 $i$ 次内层循环执行次数为 $n/i$。
因此，内层循环总体执行次数为 $\sum_{i=2}^{n} \frac{n}{i} = 1 + \frac{1}{2} + \frac{1}{3} + \cdots + \frac{1}{n}$，$1 + \frac{1}{2} + \frac{1}{3} + \cdots + \frac{1}{n}$ 为调和级数，其渐近复杂度为 $O(\log n)$。
总体时间复杂度：$O(n\log n)$。

【参考答案】
A. 正确

（2）时间开销的瓶颈是 init() 函数。（　　）
A. 正确　　B. 错误

【分析讲解】
solve() 函数的时间复杂度：递归计算哈希值，每个节点只被访问一次，总复杂度为 $O(n)$。排序的时间复杂度为 $O(n\log n)$，去重操作的时间复杂度为 $O(n)$。solve() 的复杂度为 $O(n\log n)$。

【参考答案】
B. 错误

（3）若修改常数 B1 或 K1 的值，该程序可能输出不同的结果。（　　）
A. 正确　　B. 错误

【分析讲解】
B1 的作用：B1 是用于计算哈希值的基数，影响哈希值的递归组合结果。
K1 的作用：K1 是初始哈希值的常数项，在结构体 H 中被用于初始化。
哈希值的递归计算：哈希值是通过左右子树的哈希值与当前节点的哈希值递归组合得到的。改变 B1 会影响每次哈希值的组合结果，因为哈希基数会发生变化。改变 K1 会影响初始节点的哈希值，从而进一步影响整个树结构的哈希值计算。

程序最终对哈希值数组进行排序和去重，统计唯一的树结构数量。结论，修改常数 B1 或 K1 的值会直接影响哈希值的计算，进而导致程序输出不同的结果。

【参考答案】

A. 正确

选择题

（4）在 solve() 函数中，h[] 的合并顺序可被看作（ ）。

A. 二叉树的 BFS 序           B. 二叉树的先序遍历

C. 二叉树的中序遍历        D. 二叉树的后序遍历

【分析讲解】

solve() 函数的逻辑：

程序通过循环处理编号从 $n$ 到 1 的所有节点。对于每个节点 $i$，如果有两个子节点，计算顺序是 h[i] = h[2·i]+h[i]+h[2·i+1]。其中，h[2·i]] 为左子树的哈希值；h[i] 为当前根节点的哈希值；h[2·i+1] 为右子树的哈希值。这与中序遍历的顺序完全一致，即左子树 → 根节点 → 右子树。

【参考答案】

C. 二叉树的中序遍历

（5）输入 10，输出的第一行是（ ）。

A. 83          B. 424          C. 54          D. 110101000

【分析讲解】

程序中，节点的哈希值合并顺序是中序遍历（左子树 → 根节点 → 右子树）。在输入 $n$=10 时，二叉树的结构如下：

```
      1
     / \
    2   3
   /\  /\
  4 5 6 7
 /\  /
8 9 10
```

根节点的哈希值通过子节点的哈希值递归合并计算得出，节点哈希值为 {83, 5, 3, 0, 1, 0, 1, 0, 0, 0}。最终结果：根节点的 $h1$ 为 83。

【参考答案】

A. 83

（6）（4 分）输入 16，输出的第二行是（ ）。

A. 7          B. 9          C. 10          D. 12

【分析讲解】

当 $n$=16 时，二叉树的结构如下：

```
            1
           / \
          2   3
         /\  /\
        4 5 6 7
       /\/\/\ /\
      8 9 10 11 12 13 14 15
     /
    16
```

叶子节点之间可能出现相同的哈希值。$n=16$ 的二叉树叶子节点为 9 ～ 16，共 8 个。其中，9, 10, 12, 14, 15, 16 是合数，11 和 13 是素数。合数点的信息（l,h1,h2）会相同，因此会被去重。最后去重会去掉 6 个，剩下 10 个不同的哈希值。

【参考答案】

C. 10

【编程魔法师讲解考点】

一、素数筛法：埃氏筛法与线性筛法

1. 定义

素数筛法是一种用于高效判断 $n$ 范围内素数的方法。常见的两种方法为，埃氏筛法：通过迭代筛除素数的倍数来标记非素数，时间复杂度为 $O(n\log n)$。线性筛法：每个合数只会被其最小素因子筛掉，时间复杂度为 $O(n)$。

2. 程序应用

在 init() 函数中，使用埃氏筛法标记 $n$ 范围内的素数：

```cpp
for (int i = 2; i <= n; ++i) {
    if (!p[i]) continue;
    for (int j = 2 * i; j <= n; j += i) {
        p[j] = false;
    }
}
```

功能说明：

- p[i]：布尔数组，标记 $i$ 是否为素数。
- 埃氏筛法的核心是通过 $i$ 筛去 $2i, 3i, \cdots$ 倍数。

二、数值哈希函数构造

1. 定义

哈希函数是一种将输入数据（如整数）映射到固定长度数据的函数。数值哈希常用于快速比较与去重。

2. 程序应用

在本题中，哈希函数使用双哈希值 h1 和 h2 表示，保证唯一性：

```
H operator+(const H &h) const {
    H hh;
    hh.l = l + h.l;                              // 合并长度
    hh.h1 = (1ll * h1 * p1[h.l] + h.h1) % P1;
    hh.h2 = (1ll * h2 * p2[h.l] + h.h2) % P2;
    return hh;
}
```

功能说明：

h1 和 h2：两个哈希值通过不同模数 P1 和 P2 计算。

p1 和 p2：预处理的基数幂次，用于快速哈希合并。

作用：通过左右子树的哈希值递归组合，实现树结构的唯一表示。

### 三、快速排序

1. 定义

快速排序是一种高效的排序算法，时间复杂度为 $O(n\log n)$。通过分治法将数组分为两部分，分别递归排序。

2. 程序应用

在 solve() 函数中，使用快速排序对哈希值数组进行排序，并通过 unique 函数去重：

```
sort(h + 1, h + n + 1);                          // 排序哈希值
int m = unique(h + 1, h + n + 1) - (h + 1);      // 去重并计算唯一值个数
```

功能说明：

排序的时间复杂度：$O(n\log n)$ $O(n \log n)$ $O(n\log n)$。

去重的时间复杂度：$O(n)$ $O(n)$ $O(n)$。

作用：将节点的哈希值排序并去重，统计不同的二叉树结构数量。

**【题目总结】**

本题涉及的核心考点分别是：素数筛法：用于标记素数节点。数值哈希函数：通过双哈希表示树结构，实现去重功能。快速排序：对哈希值排序并去重，统计唯一值个数。这些知识点在程序中相辅相成，共同解决了树结构的唯一表示与去重统计问题。

## 6.2　2023 年 CSP-S 程序题

### 第 1 题

```
#include <iostream>
using namespace std;

unsigned short f(unsigned short x){
    x ^= x << 6;
    x ^= x >> 8;
```

```
        return x;
}
int main(){
    unsigned short x;
    cin >> x;
    unsigned short y = f(x);
    cout << y << endl;
    return 0;
}
```

**【考点识别】**

入门级 | 2. C++ 程序设计 | 2.4 基本运算 | [2] 位运算

　　　　　　　　　　| 2.9 函数与递归 | [2] 函数定义与调用、形参与实参

　　　　　　　　　　| 2.2 基本数据类型 | [1] 整数型

**【程序详细分析】**

1. 整体思路

该程序的主要功能是对输入的 unsigned short 类型整数执行特定的位运算，生成一个新的结果并输出。核心逻辑在函数 f 中，具体的位运算操作包括左移、右移和异或操作，这些操作用于改变输入数据的位结构。

2. 代码分段详细解析与注释

1）第 1 部分：函数定义

```
unsigned short f(unsigned short x){
    x ^= x << 6;        // 将 x 左移6位，并与原来的 x 进行异或运算
    x ^= x >> 8;        // 将 x 右移8位，并与当前的 x 进行异或运算
    return x;           // 返回处理后的值
}
```

功能说明：

定义了函数 f，接收一个无符号短整型参数 x，对其进行两次异或操作，改变数据的位结构，返回结果。

2）第 2 部分：主函数

```
int main(){
    unsigned short x;               // 声明无符号短整型变量 x
    cin >> x;                       // 从标准输入读取一个无符号短整型数
    unsigned short y = f(x);        // 调用函数 f，对输入的值进行处理
    cout << y << endl;              // 输出处理后的结果
    return 0;                       // 程序正常结束，返回 0
}
```

功能说明：

获取用户输入的无符号短整型值并存入变量 x。调用函数 f，对输入值 x 进行处理，将结果存入变量 y。输出经过处理的结果 y。程序正常结束。

**【程序总结】**

该程序的设计目标是展示如何通过位运算对输入数据进行有效的变换处理。主要知识点包括：

（1）位运算的基本操作：使用异或（^）、左移（<<）、右移（>>）完成数据的高低位混合与重新分布。

（2）函数的定义与调用：实现代码模块化，增强可读性和复用性。

（3）基本数据类型：使用 unsigned short 以确保数值在合法范围内操作。

通过这段代码，考查了程序员对位运算操作及函数调用的理解和应用能力。

假设输入的 x 是不超过 65535 的自然数，完成下面的判断题和单选题。

判断题

（1）当输入非零时，输出一定不为零。（　　）

A. 正确　　B. 错误

【分析讲解】

输入为零时：

- x = 0，无论如何进行异或或位移操作，结果都为零。符合逻辑，输出为零。考虑到输入的 x 是不超过 65535 的自然数，所以不会出现这种情况。

输入为非零时：

- 非零数的二进制表示中至少有一个位是 1。异或运算和移位操作不会丢失所有的 1，因为异或操作的性质是：一个位异或本身两次会还原。因此，输入非零时，输出一定不为零。

【参考答案】

A. 正确

（2）将 f 函数的输入参数的类型改为 unsigned int，程序的输出不变。（　　）

A. 正确　　B. 错误

【分析讲解】

unsigned int 的取值范围更大（通常为 [0, 4,294,967,295]，具体取决于系统）。如果输入值超过 unsigned short 的范围，位移和异或操作可能会产生不同的结果。

【参考答案】

B. 错误

（3）当输入为 65535 时，输出为 63。（　　）

A. 正确　　B. 错误

【分析讲解】

输入的二进制表示：65535 的二进制表示为 1111111111111111（16 个 1）。

函数 f 的操作：

操作 1：x ^= x << 6，左移 6 位后，x << 6 为 1111111111000000。与原值异或后：x=1111111111111111 XOR 1111111111000000 = 0000000000 111111。超出 16 位范围，高位被截断。

操作 2：x ^= x >> 8

右移 8 位后，x >> 8 为 0000000000000000。与当前值异或后：x = 0000000000 111111 XOR 0000000000000000 = 0000000000111111。最终结果为二进制 0000000000111111，即十进制 63。

【参考答案】

A. 正确

(4) 当输入为 1 时，输出为 64。（　　）

A. 正确　　　　B. 错误

【分析讲解】

(1) 输入值的二进制表示：输入 1 的二进制表示为 0000000000000001（16 位无符号整数）。

(2) 函数 f 的操作过程：

操作 1：x ^= x << 6

x 左移 6 位：x << 6 = 0000000001000000。原值 x = 0000000000000001。异或运算结果为 x = 0000000000000001 XOR 0000000001000000 = 0000000001000001。

操作 2：x ^= x >> 8

x 右移 8 位：x >> 8 = 0000000000000000。当前值 x = 0000000001000001。异或运算结果为 x = 0000000001000001 XOR 0000000000000000 = 0000000001000001。

(3) 输出值：

最终结果为二进制表示 0000000001000001，十进制表示为 65。

【参考答案】

B. 错误

选择题

(5) 当输入为 512 时，输出为（　　）。

A. 33280　　　　B. 33410　　　　C. 33106　　　　D. 33346

【分析讲解】

输入值：512，其二进制表示为 00000010 00000000（16 位无符号整数）。

操作 1：x ^= x << 6，结果为 10000010 00000000。

操作 2：x ^= x >> 8，结果为 00000000 10000010。

异或操作：10000010 10000010，最终输出为 33410。

【参考答案】

B. 33410

(6) 当输入为 64 时，执行完第 5 行后 x 的值为（　　）。

A. 8256　　　　B. 4130　　　　C. 4128　　　　D. 4160

【分析讲解】

输入 x = 64，二进制表示为 00000000 01000000（16 位无符号整数）。x << 6 的结果为 00000000 01000000 << 6 = 00010000 00000000。

异或操作结果为 '00010000 01000000'。十进制值计算结果为 4160。

【参考答案】

C. 4160

【编程魔法师讲解考点】

一、位运算

位运算是直接对二进制位进行操作的一种方法，包括常用的 与（&）、或（|）、异或（^）、左移（<<）、右移（>>）等操作。

位运算的特点：高效：直接对位操作，无须转换为十进制，适合低级硬件操作。灵活：常用于优化代码逻辑，解决高效算法的问题。异或的特点：任意数与 0 异或，结果为原数。任意数与自身异或，结果为 0。异或运算满足交换律和结合律。

### 二、函数定义与调用

1. 函数的组成

返回值类型：描述函数返回值的类型。

函数名：用于标识函数。

参数列表：函数输入变量。

函数体：实现函数逻辑的代码块。

2. 调用过程

主程序调用函数时，会传递参数（实参）给函数形参。函数运行后返回计算结果，主程序接收结果。

3. 本题中的应用

函数 $f$ 定义了一个参数 $x$，对其进行位运算处理。主程序调用 $f(x)$ 时，将用户输入作为实参传递给形参 $x$，最终输出函数返回值。

### 三、基本数据类型

数据类型是定义变量存储的数据范围和操作方式的约束。

1. unsigned short

类型：无符号短整型。

范围：0 ~ 65535。

特点：只存储非负整数，适合处理自然数或位操作。

2. 本题中的应用

程序明确使用 unsigned short 类型限制输入范围为 [0, 65535]。位运算操作时，不会因符号位问题导致错误行为。

【题目总结】

本题核心考查了位运算、函数调用与返回、基本数据类型的应用。位运算提供了高效的数据混合与处理能力。函数模块化设计提升了代码复用性和逻辑清晰度。使用合适的数据类型限制，确保程序逻辑的正确性。

### 第 2 题

```
1   #include <iostrem>
2   #include <cmath>
3   #include <vector>
4   #include <algorithm>
5   using namespace std;
6
7   long long solve1(int n){
8       vector <bool> p(n+1,true);
9       vector <long long> f(n+1, 0),g(n+1, 0);
10      f[1] = 1;
11      for(int i = 2;i*i <= n;i++){
```

```
12          if(p[i]){
13              vector <int> d;
14              for(int k = i;k <= n;k *= i) d.push_back(k);
15              reverse(d.begin(),d.end());
16              for (int k:d){
17               for (int j = k;j <= n;j += k){
18                   if (p[j]){
19                      p[j] = false;
20                      f[j] = i;
21                      g[j] = k;
22                  }
23              }
24          }
25      }
26  }
27  for (int i = sqrt(n) + 1;i <= n; i++){
28      if(p[i]) {
29          f[i] = i;
30          g[i] = i;
31      }
32  }
33  long long sum = 1;
34  for (int i = 2;i <= n; i++) {
35      f[i] = f[i / g[i]]* (g[i]* f[i] - 1) / (f[i] - 1);
36    sum += f[i];
37  }
38  return sum;
39 }
40
41 long long solve2(int n) {
42     long long sum = 0;
43     for (int i = 1;i <= n; i++) {
44         sum += i*( n / i);
45     }
46     return sum;
47 }
48
49 int main(){
50     int n;
51     cin >> n;
52     cout << solve1(n) << endl;
53     cout << solve2(n) << endl;
54     return 0;
55 }
```

【考点识别】

入门级 | 5. 数学 | 5.3 初等数论 |【3】整除、因数、倍数、指数、质（素）数、合数 |【4】素数筛法：埃氏筛法

提高级 | 2. C++ 程序设计 | 2.2 STL 模板 |【5】容器（container）和迭代器

【程序详细分析】

1. 整体思路

程序解决了两个数学问题：

solve1 函数：使用埃氏筛法筛选质数，并结合质因数分解和因数优化计算。最终计算出从 1 到 $n$ 所有数的特定函数值的和。

solve2 函数：利用整除和倍数性质快速计算数列的加权和，避免逐项直接计算。程序通过 solve1 和 solve2 实现高效计算后，将结果输出。

2. 代码分段详细解析与注释

1）第 1 部分：头文件与主函数

```
#include <iostream>
#include <cmath>
#include <vector>
#include <algorithm>
using namespace std;

int main(){
    int n;
    cin >> n;                              // 输入一个正整数 n
    cout << solve1(n) << endl;             // 调用 solve1 函数，输出结果
    cout << solve2(n) << endl;             // 调用 solve2 函数，输出结果
    return 0;                              // 程序正常结束
}
```

功能说明：

加载必要头文件。从标准输入获取正整数 $n$。调用 solve1 和 solve2 计算结果，并分别输出。

2）第 2 部分：solve1 函数

```
long long solve1(int n){
    vector <bool> p(n+1, true);                    // 用于标记质数的布尔数组，初始全为 true
    vector <long long> f(n+1, 0), g(n+1, 0);       // f 用于存储计算值，g 用于存储最大的质因数的幂
    f[1] = 1;                                      // 初始化 f[1] = 1
```

功能说明：

初始化布尔数组 p 表示是否为质数。初始化两个辅助数组：f[i]：记录 i 的特定函数值。g[i]：记录 i 的最大质因数的幂。

```
    for(int i = 2; i*i <= n; i++){
        if(p[i]){
            vector<int> d;
            for(int k = i; k <= n; k *= i) d.push_back(k);   // 记录 i 的幂次
            reverse(d.begin(), d.end());                      // 倒序排列，方便从大到小操作
            for (int k : d){
                for (int j = k; j <= n; j += k){
                    if (p[j]){
                        p[j] = false;                          // 标记为非质数
                        f[j] = i;                              // 记录质因数
                        g[j] = k;                              // 记录最大质因数的幂
```

177

```
                    }
                }
            }
        }
```

**功能说明：**

使用埃氏筛法标记质数，并记录质因数及其幂次。优化计算顺序，通过倒序排列减少不必要的重复计算。

```
for (int i = sqrt(n) + 1; i <= n; i++){
    if(p[i]){
        f[i] = i;                              // 如果是质数，直接赋值为自身
        g[i] = i;                              // 质因数的幂次为自身
    }
}
```

**功能说明：**

针对大于平方根 $n$ 的数直接判断是否为质数，简化后续处理。

```
long long sum = 1;                             // 初始化总和，包含 f[1]
for (int i = 2; i <= n; i++) {
    f[i] = f[i / g[i]] * (g[i] * f[i] - 1) / (f[i] - 1);   // 利用递推公式计算 f[i]
    sum += f[i];                               // 累加所有 f[i] 的值
}
return sum;                                    // 返回总和
}
```

**功能说明：**

递推计算每个数的特定函数值 f[i]，并求和。

3）第 3 部分：solve2 函数

```
long long solve2(int n) {
    long long sum = 0;
    for (int i = 1; i <= n; i++) {
        sum += i * (n / i);                    // 通过整除特性计算倍数和
    }
    return sum;
}
```

**功能说明：**

使用整除和倍数性质快速计算数列的加权和。

【程序总结】

埃氏筛法：用于快速标记质数，结合质因数分解优化计算。整除与倍数性质：使用 $n / i$ 快速统计倍数和，避免逐项计算。STL 容器与算法：使用 vector 存储和操作数据，reverse 进行容器操作。

假设输入的 $n$ 是不超过 1000000 的自然数，完成下面的判断题和单选题。

**判断题**

（1）将第 15 行删去，输出不变。（　　）

A. 正确　　B. 错误

【分析讲解】

1. 代码含义

将质因数幂次数组 $d$ 倒序排列，使质因数从大到小排序。后续的双重循环（第 16 行至第 21 行）依赖这一倒序排列，从最大幂次的质因数开始操作。

2. 删除后的影响

如果删除这行代码，$d$ 中的质因数幂次将保持默认顺序（从小到大）。

3. 结果变化

在标记布尔数组 $p$（是否为质数）时，后续循环的标记顺序可能改变。导致程序运行逻辑的部分错误，最终影响 $f[i]$ 和 $g[i]$ 的结果。

【参考答案】

B. 错误

（2）当输入为 10 时，输出的第 1 行大于第 2 行。（　　）

A. 正确　　B. 错误

【分析讲解】

1. 根据程序代码

第 1 行输出 solve1(10)：solve1 函数使用埃氏筛法计算从 1 到 10 的特定函数值的和。输出为 $f[1] + f[2] + \cdots + f[10]$。

第 2 行输出 solve2(10)：solve2 函数利用整除和倍数性质，计算从 1 到 10 所有倍数的加权和。输出为 $1 * (10 / 1) + 2 * (10 / 2) + \cdots + 10 * (10 / 10)$。

2. 分别计算两行的输出值

计算 solve1(10)。筛选质数：10 以内的质数为 2, 3, 5, 7。计算 $f[i]$：使用递推公式 $f[i] = f[i / g[i]] * (g[i] * f[i] - 1) / (f[i] - 1)$，经过计算，solve1(10) 的结果为 25。

计算 solve2(10)。使用公式 sum = Σ（i * (10 / i)）。逐项计算：当 i = 1，结果为 1 * (10 / 1) = 10；当 i = 2，结果为 2 * (10 / 2) = 10；当 i = 3，结果为 3 * (10 / 3) = 9；当 i = 4，结果为 4 * (10 / 4) = 8；当 i = 5，结果为 5 * (10 / 5) = 10；当 i = 6，结果为 6 * (10 / 6) = 6；当 i = 7，结果为 7 * (10 / 7) = 7；当 i = 8，结果为 8 * (10 / 8) = 8；当 i = 9，结果为 9 * (10 / 9) = 9；当 i = 10，结果为 10 * (10 / 10) = 10。最终输出 solve2(10) 的结果为 87。

【参考答案】

C. 错误

（3）当输入为 1000 时，输出的第 1 行与第 2 行相等。（　　）

A. 正确　　B. 错误

【分析讲解】

1. 计算 solve1(1000)

筛选质数：使用埃氏筛法，筛选出 1000 内的质数，如 2, 3, 5, 7, 11,…。计算每个 $f[i]$ 的值，使用递推公式：

f[i] = f[i / g[i]] * (g[i] * f[i] - 1) / (f[i] - 1)

每个数的因数通过质因数分解和筛法递推计算。最终求和：solve1(1000) 为 824500。

2. 计算 solve2(1000)

使用公式 $solve2(n) = \sum_{i=1}^{n}(i*(n/i))$，逐项计算（按程序逻辑优化）：遍历从 1 到 1000，依次计算 $i * (1000 / i)$ 并累加。最终求和：solve2(1000) 得到的结果也为 824500。

【参考答案】

A. 正确

选择题

（4）solve1(n) 的时间复杂度为（　）。

A. $O(n \cdot \log^2 n)$　　　B. $O(n)$　　　C. $O(n \cdot \log n)$　　　D. $O(n \cdot \log\log n)$

【分析讲解】

埃氏筛法在 solve1 中用于筛选质数并处理质因数分解，其复杂度如下：

外层循环：for (int i = 2; i * i <= n; i++)，遍历从 2 到 $\sqrt{n}$，外层循环执行约 $\sqrt{n}$ 次。

内层循环：for (int k = i; k <= n; k *= i)，针对每个质数 $i$，内层循环执行约 $\log n$ 次，因为 $k$ 每次增长为上一次的幂次。

标记非质数：每个倍数标记的操作在 for (int j = k; j <= n; j += k) 中完成。所有标记操作的总时间复杂度可归纳为 $O(n)$，因为每个数最多被标记一次。

总复杂度：$O(n \cdot \log\log n)$。

【参考答案】

D. $O(n \cdot \log\log n)$

（5）solve2(n) 的时间复杂度为（　）。

A. $O(n^2)$　　　B. $O(n)$　　　C. $O(n \cdot \log n)$　　　D. $O(n \cdot \sqrt{n})$

【分析讲解】

外层循环的次数是 $n$，每次循环操作的时间复杂度为 $O(1)$。故总复杂度为 $O(n)$。

【参考答案】

B. $O(n)$

（6）输入为 5 时，输出的第二行为（　）。

A. 20　　　B. 21　　　C. 22　　　D. 23

【分析讲解】

当 $n=5$，solve2（5）按照代码逻辑，逐项累加以下值：

sum= $\sum_{i=1}^{5} i \times \left\lfloor \dfrac{n}{i} \right\rfloor$ =5+4+3+4+5=21

【参考答案】

B. 21

【编程魔法师讲解考点】
一、素数筛法
1. 定义
埃氏筛法是一种高效筛选质数的方法，通过标记非质数来排除合数。
2. 步骤
初始化：创建一个布尔数组，所有元素初始为 true。从第一个质数 2 开始，将其所有倍数标记为非质数。继续到下一个未标记的数（质数），重复上述操作，直到筛到 $\sqrt{n}$ 为止。
优化思路：从当前质数的平方开始标记，避免重复标记小的倍数。
程序中的应用：在 solve1 中，用埃氏筛法筛选出所有质数，并结合质因数分解，递归计算函数值。
二、整除与倍数性质
整除与倍数的概念是许多数论算法的基础。
性质：$a$ 整除 $b$ 表示 $b \bmod a=0$。每个数 $n$ 的倍数个数等于 $\lfloor n/i \rfloor$，其中 $i$ 为倍数因子。
程序中的应用：在 solve2 中，利用倍数性质，避免直接遍历所有整数，优化计算效率。
三、STL 容器与算法
STL（Standard Template Library）是 C++ 的标准库，提供了高效的数据结构和算法。
常用容器：vector：动态数组，支持随机访问。reverse：STL 算法，用于反转容器元素的顺序。
程序中的应用：使用 vector 存储布尔数组、质因数分解结果。使用 reverse 优化因数排列顺序。

【题目总结】
本题涉及 3 个核心知识点：素数筛法的优化技巧及其应用；整除与倍数性质在数论问题中的应用；C++ STL 容器及算法的灵活使用。

### 第 3 题

```
#include <vector>
#include <algorithm>
#include <iostream>

using namespace std;

bool f0(vector<int>& a, int m, int k) {
    int s = 0;
    for (int i = 0, j = 0; i < a.size(); i++) {
        while (a[i] - a[j] > m) j++;
        s += i - j;
    }
    return s >= k;
}

int f(vector<int>& a, int k) {
    sort(a.begin(), a.end());
    
    int g = 0;
    int h = a.back() - a[0];
    while (g < h) {
```

```cpp
            int m = g + (h - g) / 2;
            if (f0(a, m, k)) {
                h = m;
            } else {
                g = m + 1;
            }
        }
        return g;
    }

    int main() {
        int n, k;
        cin >> n >> k;
        vector<int> a(n, 0);
        for (int i = 0; i < n; i++) {
            cin >> a[i];
        }
        cout << f(a, k) << endl;
        return 0;
    }
```

【考点识别】

入门级 | 4. 算法 | 4.3 基础算法 | [4] 二分法

　　　 | 2. C++ 程序设计 | 2.13 STL 模板应用 | [3] 算法模板库中的函数：min、max、swap、sort

　　　 | 4. 算法 | 4.5 排序算法 | 【3】排序的基本概念

【程序详细分析】

1. 整体思路

该程序解决的问题是：给定一个整数数组 a 和目标整数 k，求出一个最小值 m，使得数组中至少存在 k 个数对 (i, j) 满足 |a[i] - a[j]| <= m。算法设计：二分搜索：确定最小值 m。二分的范围是数组元素差值的上下界 [0, 最大差值]。在每次中间值 m 上，通过滑动窗口判断是否能找到至少 k 个符合条件的数对。滑动窗口：统计满足条件的数对数量。固定一个起点指针 j，移动另一个指针 i，当差值超过当前的 m 时移动 j。

2. 代码逐段解析与注释

1）第 1 部分：判断函数 f0

```cpp
bool f0(vector<int>& a, int m, int k) {
    int s = 0;                                    // 用于记录满足条件的数对数量
    for (int i = 0, j = 0; i < a.size(); i++) {   // 滑动窗口：缩小区间，保证差值不超过 m
        while (a[i] - a[j] > m) j++;
        s += i - j;                               // 当前窗口内有 (i - j) 个满足条件的数对
    }
    return s >= k;                                // 如果数对数量 >= k，则返回 true
}
```

功能说明：

检查当前中间值 m 是否可以满足至少有 k 个数对。

核心：通过滑动窗口的方式，计算所有满足 |a[i] - a[j]| <= m 的数对数量。

2）第 2 部分：二分搜索函数 f

```
int f(vector<int>& a, int k) {
    sort(a.begin(), a.end());                  // 排序，保证差值计算正确

    int g = 0;                                  // 二分下界
    int h = a.back() - a[0];                    // 二分上界（最大差值）
    while (g < h) {
        int m = g + (h - g) / 2;                // 计算中间值
        if (f0(a, m, k)) {                      // 判断当前中间值是否可行
            h = m;                              // 可行则缩小上界
        } else {
            g = m + 1;                          // 不可行则增大下界
        }
    }
    return g;                                   // 返回最终的最小 m 值
}
```

功能说明：

使用二分法搜索满足条件的最小值 m。

关键步骤：对数组排序以便后续滑动窗口计算。结合 f0 判断当前 m 是否满足条件，逐步收敛范围。

3）第 3 部分：主函数 main

```
int main() {
    int n, k;
    cin >> n >> k;                              // 数组长度和目标数对数量

    vector<int> a(n, 0);                        // 初始化数组
    for (int i = 0; i < n; i++) {
        cin >> a[i];                            // 输入数组元素
    }

    cout << f(a, k) << endl;                    // 输出最小满足条件的 m 值
    return 0;
}
```

功能说明：

读入数组长度 n 和目标数对数量 k。

调用 f 函数求解最小值 m，并输出结果。

【程序总结】

1. 实现逻辑

通过二分搜索确定答案范围。利用滑动窗口高效统计符合条件的数对数量。

2. 核心算法

（1）二分法：缩小范围查找最优解。

（2）滑动窗口：通过双指针快速统计数对数量。

假设输入总是合法的且 $|a[i]| \leq 10^8$，$n \leq 10{,}000$，$1 \leq k \leq \dfrac{n(n-1)}{2}$ 完成以下判断题和单选题：

**判断题**

（1）将程序中第 24 行的 $m$ 修改为 $m-1$，输出有可能不变，而剩下情况为少 1。（　　）

A. 正确　　　B. 错误

【分析讲解】

这里，二分搜索中 $m$ 是临时中间值，修改 $m$ 会对程序的判断逻辑产生影响，从而影响输出结果。

输出可能不变的情况：如果当前窗口中的数对数量不受较小的 $m$ 值影响，则最终结果不会改变。例如：当前 f0 函数中 s 的累计和已经超过目标值 $k$，即便减小 $m$，仍然满足条件。

减少 1 的情况：在某些情况下，减小 $m$ 会导致 f0 函数返回结果变化（例如滑动窗口中满足条件的数对数量减少），从而修改最终输出。

【参考答案】

A. 正确

（2）将第 22 行的 $g+(h-g)/2$ 改为 $(h+g)>>1$，输出不变。（　　）

A. 正确　　　B. 错误

【分析讲解】

两种写法的对比

（1）原始写法：$g+(h-g)/2$，计算差值 $(h-g)$ 后取一半，再加上 $g$。这种写法精确且安全，不会导致溢出问题。

（2）修改后的写法：$(h+g)>>1$，使用位移操作 $(h+g)>>1$ 来计算中间值，等价于将 $(h+g)$ 除以 2。溢出风险：当 $h+g$ 超出 int 类型范围时，结果会出现错误。

输出分析

在无溢出的情况下：$(h+g)>>1$ 和 $g+(h-g)/2$ 的结果相同，输出不变。

在可能溢出的情况下：如果 $h+g$ 超出 int 类型范围，使用 $(h+g)>>1$ 会导致溢出，结果错误。例如，当 $h=2^{31}-1$，$g=2^{31}-1$，$h+g$ 将超过 int 的上限。

如果不考虑溢出情况（假设输入合法且安全），修改后的代码与原始代码行为一致，输出不变。

【参考答案】

A. 正确

（3）对于输入 5 7 2 -4 5 1 -3，输出为 5。（　　）

A. 正确　　　B. 错误

【分析讲解】

1. 输入解析

输入内容为 5 7 2 -4 5 1 -3，对应含义为第一个数 5 是数组长度 n；第二个数 7 是目标数对数量 k；后面的数 2, -4, 5, 1, -3 是数组元素。

2. 程序逻辑回顾

数组排序：排序后的数组为 [-4, -3, 1, 2, 5]。二分搜索目标值 m：目标是找到最小的 m，使得至少存在 k=7 个数对满足 a[i]-a[j] ｜≤ m。数对计算（滑动窗口）：使用双指针方法统计当前 m 下满足条件的数对数量。

3. 计算过程

初始二分范围：g=0，h=9 数组最大值差）。中间值计算：m=(g+h)/2，依次检查 m=4,2,5。对于 m=5，滑动窗口统计数对数量恰好满足 k=7。最终输出为 m=5m = 5m=5。结论：根据程序逻辑和输入数据分析，输出确实为 5。

【参考答案】

A. 正确

选择题

（4）设 a 数组中最大值减最小值加 1 为 A，则函数 f 的时间复杂度为（　　）。

A. $O(n \cdot \log A)$　　B. $O(n^2 \cdot \log A)$　　C. $O(n \cdot \log(n \cdot A))$　　D. $O(n \cdot \log n)$

【分析讲解】

1 各阶段复杂度

排序阶段：排序操作的时间复杂度为 $O(n \cdot \log n)$。

二分搜索阶段：二分搜索范围是 [0,A]，搜索区间的规模是 A。二分法的复杂度为 $O(\log A)$。

滑动窗口阶段：在每次二分判断中，滑动窗口需要扫描整个数组一次，复杂度为 $O(n)$。

二分法滑动窗口：每次二分操作调用滑动窗口，总共需要进行 $\log A$ 次判断，因此该部分的复杂度为：$O(n \cdot \log A)$。

2. 总复杂度

排序复杂度：$O(n \cdot \log n)$。二分法滑动窗口复杂度：$O(n \cdot \log A)$。如果 n 较大，且 A 较大（如数组范围很广），总复杂度应为：$O(n \cdot \log(n \cdot A))$。

【参考答案】

C. $O(n \cdot \log(n \cdot A))$

（5）将第 10 行中的 > 替换为 >=，那么原输出与现输出的大小关系为（　　）。

A. 一定小于　　　　　　　　　　　B. 一定小于或等于且不一定小于

C. 一定大于或等于且不一定大于　　D. 以上三种情况都不对

【分析讲解】

一般情况：修改后，条件变严格，程序需要找到一个更大的 m 来满足条件，因此原输出小于或等于修改后的输出。修改可能使得结果变大，但不会变小。

特殊情况（所有数字相同）：如果数组中所有数字大小相同，则数对差值全为 0；初始范围 g=0,h=0 二分法不会执行，程序直接返回 m = 0。在这种情况下，修改前后输出都为 0。

【参考答案】

B. 一定小于或等于且不一定小于

（6）当输入为 5 8 2 -5 3 8 -12 时，输出为（　　）。

A. 13　　　　　　B. 14　　　　　　C. 8　　　　　　D. 15

【分析讲解】

我们对排序后的数组 [-12, -5, 2, 3, 8] 模拟滑动窗口过程，逐步尝试不同的 m 值，统计符合条件的数对数量。

尝试 m=10：满足 | a[i]-a[j] | 小于或等于 10 的数对有：(-12, -5)，差值 7；(-5, 2)，差值 7；(-5, 3)，

差值 8；(2, 3)，差值 1；(2, 8)，差值 6；(3, 8)，差值 5。总数对数量为 6。结论：$m$=10 无法满足 $k$=8。

尝试 $m$=14：满足 | a[i]-a[j] | 小于或等于 14 的数对有：(-12, -5)，差值 7；(-12, 2)，差值 14；(-12, 3)，差值 15；(-5, 2)，差值 7；(-5, 3)，差值 8；(2, 3)，差值 1；(2, 8)，差值 6；(3, 8)，差值 5。总数对数量为 8。结论：$m$=14 刚好满足 $k$=8。

【参考答案】
B. 14
【编程魔法师讲解考点】
一、什么是二分法
1. 定义
二分法是一种通过不断缩小范围来查找目标值的算法。适用于单调性问题（即结果满足"增"或"减"的规律）。
2. 二分法的核心思想
初始化搜索范围 [low, high]。计算中间值 mid = (low + high) / 2。判断中间值是否满足条件：如果满足，可能进一步缩小上界或下界；如果不满足，调整范围以逼近目标值。循环直到范围不可再缩小（即 low == high）。
3. 应用场景
二分法广泛应用于：查找一个数组中的目标值（如二分查找）。查找满足特定条件的最小值或最大值（如本题中查找最小的差值 $m$ 满足条件）。
4. 本题中的二分法
二分法用来查找最小的差值 $m$，使得数对数量满足条件。搜索范围是 [0, 最大差值 ]，通过条件判断（滑动窗口统计数对数量）逐步缩小范围。

二、STL 的意义
1. C++ 标准模板库（STL）
该模板库提供了多种高效的算法和容器工具。常用的算法模板库函数包括：
sort：对容器中的元素排序。
min/max：返回两个值中的较小值或较大值。
swap：交换两个变量的值。
2. 本题中用到的 STL 函数
sort 函数：用来对数组进行排序，确保滑动窗口能够正确统计满足条件的数对数量。
时间复杂度：$O(n \cdot \log n)$，适合中等规模的数据集。
3. 为什么使用 STL
STL 提供的函数实现了常用算法的最佳实践，代码简洁，性能优化。例如：sort 的实现采用快速排序（QuickSort）、堆排序（HeapSort）或插入排序（InsertionSort）的结合，性能优于手写排序算法。
【题目总结】
本题综合考查了二分法和 C++ STL 的应用。其中，二分法用来解决满足特定条件的最小值搜索问题；STL 的 sort 函数 用来对数组进行排序，为后续计算提供基础。

## 6.3　CSP-S 程序模拟训练

**第 1 题**

```
#include <iostream>
using namespace std;

const int N = 1000;
int c[N];

int customLogic(int x, int y) {
    return (x | y) & ((x ^ y) | (~x & y));
}

void generateArray(int a, int b, int *c) {
    for (int i = 0; i < b; i++) {
        c[i] = customLogic(a, i) % (b + 2);
    }
}

void recursionLimit(int depth, int *arr, int size) {
    if (depth <= 0 || size <= 1) return;
    int pivot = arr[0];
    int i = 0, j = size - 1;
    while (i <= j) {
        while (arr[i] < pivot) i++;
        while (arr[j] > pivot) j--;
        if (i <= j) {
            swap(arr[i], arr[j]);
            i++; j--;
        }
    }
    recursionLimit(depth - 1, arr, j + 1);
    recursionLimit(depth - 1, arr + i, size - i);
}

int main() {
    int a, b, d;
    cin >> a >> b >> d;
    generateArray(a, b, c);
    recursionLimit(d, c, b);
    for (int i = 0; i < b; ++i) cout << c[i] << " ";
    cout << endl;
}
```

**判断题**

（1）当 $1000 \geqslant d \geqslant b$ 时，输出的序列是有序的。（　　）

A. 正确　　　　B. 错误

（2）当输入为 6 6 1 时，输出为 2 2 6 6 6 6。
A. 正确　　　　　B. 错误
（3）假设数组 c 长度无限制，该程序所实现的算法的时间复杂度是 $O(b)$。
A. 正确　　　　　B. 错误

**选择题**

（4）函数 customLogic(int x, int y) 的功能是（　　）。
A. 按位与　　　B. 按位或　　　C. 按位异或　　　D. 以上都不是

（5）当输入为 8 50 50 时，输出的第 50 个数是（　　）。
A. 42　　　B. 45　　　C. 48　　　D. 50

## 第 2 题

```cpp
#include <iostream>
#include <string>
using namespace std;

const int P = 1000000007, N = 1e3 + 10, M = 15;
int n, m;
string s;
int dp[1 << M];

int solve() {
    dp[0] = 1;
    for (int i = 0; i < n; ++i) {
        for (int j = (1 << (m - 1)) - 1; j >= 0; --j) {
            int k = (j << 1) | (s[i] - '0');
            if (j != 0 || s[i] == '1')
                dp[k] = (dp[k] + dp[j]) % P;
        }
    }
    int ans = 0;
    for (int i = 0; i < (1 << m); ++i) {
        ans = (ans + 123 * i * dp[i]) % P;
    }
    return ans;
}

int solve2() {
    int ans = 0;
    for (int i = 0; i < (1 << n); ++i) {
        int cnt = 0, num = 0;
        for (int j = 0; j < n; ++j) {
            if (i & (1 << j)) {
                num = num * 2 + (s[j] - '0');
                cnt++;
            }
        }
        if (cnt <= m) (ans += num) %= P;
```

```
        }
        return ans;
    }

    int main() {
        cin >> n >> m;
        cin >> s;
        if (n <= 15) {
            cout << solve2() << endl;
        }
        cout << solve() << endl;
        return 0;
    }
```

**判断题**

（1）假设数组 dp 长度无限制。solve() 所实现的算法的时间复杂度是 $O(n \cdot 2m)$。（    ）

A. 正确　　　　　B. 错误

（2）输入 $n$=9,$m$=3,$s$=101001001 时，程序输出两个数 53 和 154。（    ）

A. 正确　　　　　B. 错误

（3）在 $n \leqslant 10$ 时，solve() 的返回值始终小于 $3^{10}$。（    ）

A. 正确　　　　　B. 错误

**选择题**

（4）当 $n$=8,$m$=8 时，输入使得两行的结果完全一致的有（    ）。

A. 256 种　　　B. 12 种　　　　C. 9 种　　　　D. 0 种

（5）当 $n \leqslant 7$ 时，solve() 的最大可能返回值为（    ）。

A. 127　　　　B. 567　　　　　C. 511　　　　　D. 1999

（6）若 $n$=6,$m$=6$n$=6,$m$=6$n$=6,$m$=6，solve 和 solve2 的返回值的最大可能的差值为（    ）。

A. 1024　　　　B. 1536　　　　C. 2048　　　　D. 2560

### 第 3 题

```
#include <iostream>
#include <cstring>
#include <algorithm>
using namespace std;

const int maxn = 1000000 + 5;
const int P1 = 1000000007, P2 = 998244353;
const int B1 = 3, B2 = 5;
const int K1 = 1, K2 = 7;

typedef long long ll;

int n;
bool is_prime[maxn];
int p1[maxn], p2[maxn];
```

```cpp
struct Hash {
    int h1, h2, l;
    Hash(bool b = false) {
        h1 = b * K1;
        h2 = b * K2;
        l = 1;
    }

    Hash operator+(const Hash &h) const {
        Hash result;
        result.l = l + h.l;
        result.h1 = (1ll * h1 * p1[h.l] + h.h1) % P1;
        result.h2 = (1ll * h2 * p2[h.l] + h.h2) % P2;
        return result;
    }

    bool operator<(const Hash &h) const {
        return h1 == h.h1 ? h2 < h.h2 : h1 < h.h1;
    }

    bool operator==(const Hash &h) const {
        return h1 == h.h1 && h2 == h.h2;
    }
} hashes[maxn];

void init() {
    memset(is_prime, 1, sizeof(is_prime));
    is_prime[0] = is_prime[1] = false;
    p1[0] = p2[0] = 1;
    for (int i = 1; i <= n; ++i) {
        p1[i] = (1ll * B1 * p1[i - 1]) % P1;
        p2[i] = (1ll * B2 * p2[i - 1]) % P2;
        if (!is_prime[i]) continue;
        for (int j = 2 * i; j <= n; j += i) {
            is_prime[j] = false;
        }
    }
}

int solve() {
    for (int i = n; i > 0; --i) {
        hashes[i] = Hash(is_prime[i]);
        if (2 * i + 1 <= n) {
            hashes[i] = hashes[2 * i] + hashes[i] + hashes[2 * i + 1];
        } else if (2 * i <= n) {
            hashes[i] = hashes[2 * i] + hashes[i];
        }
    }

    cout << hashes[1].h1 << endl;          // 输出根节点的哈希值
    sort(hashes + 1, hashes + n + 1);
    int unique_count = unique(hashes + 1, hashes + n + 1) - (hashes + 1);
```

```
        return unique_count;
}
int main() {
    cin >> n;
    init();
    cout << solve() << endl;
    return 0;
}
```

**判断题**

（1）假设程序运行前能自动将 max$n$ 改为 $n+2$，所实现的算法时间复杂度是 $O(n\log n)$。（　　）

A. 正确　　　　B. 错误

（2）时间开销的瓶颈是 solve() 函数的排序部分。（　　）

A. 正确　　　　B. 错误

（3）若修改常数 B2 为 K2 的值，该程序可能会输出不同的结果。（　　）

A. 正确　　　　B. 错误

**选择题**

（4）在 solve() 函数中，hashes[] 的合并顺序可被看作（　　）。

A. 二叉树的 BFS 序　　　　B. 二叉树的先序遍历

C. 二叉树的中序遍历　　　　D. 二叉树的后序遍历

（5）输入 $n$=8，输出的第一行是（　　）。

A. 12　　　　B. 54　　　　C. 37　　　　D. 328

（6）输入 $n$=12，输出的第二行是（　　）。

A. 8　　　　B. 6　　　　C. 5　　　　D. 10

# 第7章　CSP-S完善程序题真题解析

## 7.1　2024年CSP-S完善程序题

**第1题**

序列合并问题描述

有两个长度为 $n$ 的单调不降序列 $a$ 和 $b$，序列的每个元素都是小于 $10^9$ 的非负整数。在 $a$ 和 $b$ 中各取一个数相加，可以得到 $n^2$ 个和。求其中第 $k$ 小的数。上述参数满足 $n \leqslant 10^5$ 和 $1 \leqslant k \leqslant n^2$。

```
#include <iostream>
using namespace std;

const int maxn = 100005;

int n;
long long k;
int a[maxn], b[maxn];

int* upper_bound(int *a, int *an, int ai) {
    int l = 0, r = __①__;
    while (l < r) {
        int mid = (l + r) >> 1;
        if (__②__) {
            r = mid;
        } else {
            l = mid + 1;
        }
    }
    return __③__;
}

long long get_rank(int sum) {
    long long rank = 0;
    for (int i = 0; i < n; ++i) {
        rank += upper_bound(b, b + n, sum - a[i]) - b;
    }
    return rank;
}
```

```
int solve() {
    int l = 0, r = __④__;
    while (l < r) {
        int mid = ((long long)l + r) >> 1;
        if (__⑤__) {
            l = mid + 1;
        } else {
            r = mid;
        }
    }
    return l;
}

int main() {
    cin >> n >> k;
    for (int i = 0; i < n; ++i) cin >> a[i];
    for (int i = 0; i < n; ++i) cin >> b[i];
    cout << solve() << endl;
}
```

【程序详细分析】

功能说明：此程序的主要功能是通过二分法查找两个有序数组 a 和 b 的所有和中第 k 小的值。程序通过实现 upper_bound 函数和排名计算函数 get_rank 来优化查找过程。

程序块说明：

```
#include <iostream>
using namespace std;

const int maxn = 100005;                    // 定义数组的最大长度
```

1. 函数 upper_bound

```
int* upper_bound(int *a, int *an, int ai) {
    int l = 0, r = an - a;                  // 定义左右边界，数组长度为 an - a
    while (l < r) {
        int mid = (l + r) >> 1;             // 使用位运算获取中点
        if (a[mid] > ai) {                  // 如果中点值大于目标值
            r = mid;                        // 缩小右边界
        } else {
            l = mid + 1;                    // 向右扩展，跳过中点
        }
    }
    return a + l;                           // 返回第一个大于 ai 的元素指针
}
```

功能：

模拟 STL 的 upper_bound 函数。

找到数组中第一个大于给定值 ai 的元素地址。

2. 函数 get_rank

```
long long get_rank(int sum) {
```

```
        long long rank = 0;                    // 初始化排名
        for (int i = 0; i < n; ++i) {
                                                // 对于 a[i]，计算 b 中小于或等于 sum - a[i] 的元素数量
            rank += upper_bound(b, b + n, sum - a[i]) - b;
        }
        return rank;                            // 返回排名
    }
```

功能：

用于计算所有 a[i]+b[j] ≤ sum 的数量。

核心逻辑：

利用 upper_bound 查找 b[j] ≤ sum-a[i]b[j] 的元素个数。

将每次查找的结果累加到 rank。

3. 函数 solve

```
    int solve() {
        int l = 0;                              // 初始化二分下界
        int r = a[n - 1] + b[n - 1];            // 初始化二分上界，最大可能的和
        while (l < r) {
            int mid = ((long long)l + r) >> 1;  // 计算当前中间值
            if (get_rank(mid) < k) {            // 如果当前和的排名小于 k
                l = mid + 1;                    // 缩小搜索范围到右半部分
            } else {
                r = mid;                        // 缩小搜索范围到左半部分
            }
        }
        return l;                               // 返回第 k 小的和
    }
```

功能：

通过二分法找到满足条件的第 k 小的和。

核心逻辑：

get_rank(mid) 用于计算所有 a[i]+b[j] ≤ mid 的数量。

根据排名是否小于 k，调整二分搜索区间。

4. 主函数

```
    int main() {
        cin >> n >> k;                          // 输入数组长度 n 和目标排名 k
        for (int i = 0; i < n; ++i) cin >> a[i]; // 输入数组 a
        for (int i = 0; i < n; ++i) cin >> b[i]; // 输入数组 b
        cout << solve() << endl;                 // 输出结果，即第 k 小的和
    }
```

功能：

读取输入数据。调用 solve 进行求解并输出结果。

选择题

（1）①处应填（    ）。

A. an - a            B. an - a - 1            C. ai            D. ai + 1

**【分析解释】**

①处出现在 upper_bound 函数的初始化中：

```
int l = 0, r = __①__;
```

- 在 upper_bound 中，r 需要设置为数组的长度。
- a 是数组的起始指针，an 是数组的末尾指针，因此 an - a 表示数组的长度。
- 选项 A 符合逻辑，an - a - 1 表示长度减一，不符合需求。
- 选项 C 和 D 的 ai 相关内容与数组长度无关，不正确。

**【参考答案】**

A. an - a

（2）②处应填（　　）。

A. a[mid] > ai　　　　B. a[mid] >= ai　　　　C. a[mid] < ai　　　　D. a[mid] <= ai

**【分析解释】**

②处出现在 upper_bound 函数的条件判断中：

```
if ( __②__ ) {
    r = mid;
} else {
    l = mid + 1;
}
```

upper_bound 的功能是查找数组中第一个大于目标值 ai 的元素，因此：

（1）判断条件应为：当前中点值是否大于目标值。

（2）如果 a[mid] > ai 成立，说明目标值可能位于当前中点左侧或中点位置，因此调整右边界 r = mid。

（3）如果不成立，则目标值应位于中点右侧，因此调整左边界 l = mid + 1。

**【参考答案】**

A. a[mid] > ai

（3）③处应填（　　）。

A. a + l　　　　B. a + l + 1　　　　C. a + l - 1　　　　D. an - 1

**【分析解释】**

③处出现在 upper_bound 函数的返回值部分：

```
return __③__;
```

upper_bound 的作用是返回第一个大于 ai 的元素指针，当循环结束时，l 和 r 的值相等，指向第一个大于 ai 的元素。因此：

（1）数组中元素的指针地址是通过起始指针 a 加上偏移量 l 得到的。

（2）返回值应为 a + l，表示第一个大于 ai 的元素地址。

**【参考答案】**

A. a + l

(4) ④处应填（　　）。

A. a[n - 1] + b[n - 1]　　　　B. a[n] + b[n]　　　　C. 2 * maxn　　　　D. maxn

【分析解释】

④处出现在 solve 函数的初始化中：

```
int l = 0, r = __④__;
```

- 在 solve 函数中，r 表示二分查找的上界，也就是数组中可能的最大和。
- a 和 b 是长度为 n 的单调不降数组。
- 因此，两个数组的最大值分别是 a[n - 1] 和 b[n - 1]，它们的和是可能的最大和。
- 选项 A 符合这一逻辑。

选项分析：

A. a[n - 1] + b[n - 1]：正确，表示两个数组的最大值之和。

B. a[n] + b[n]：错误，数组越界。

C. 2 * maxn：错误，与题意无关，maxn 只是数组的最大长度。

D. maxn：错误，maxn 与数组元素无关。

【参考答案】

A. a[n - 1] + b[n - 1]

(5) ⑤处应填（　　）。

A. get_rank(mid) < k　　　　B. get_rank(mid) <= k

C. get_rank(mid) > k　　　　D. get_rank(mid) >= k

【分析解释】

⑤处出现在 solve 函数的条件判断中：

```
if ( __⑤__ ) {
    l = mid + 1;
} else {
    r = mid;
}
```

- get_rank(mid) 的作用是返回所有小于或等于 mid 的和的数量。
- 如果 get_rank(mid) < k，说明当前 mid 的和的数量还不足 k，需要将搜索区间移动到更大的值，因此更新 l = mid + 1。
- 如果 get_rank(mid) >= k，说明 mid 的和的数量足够多，可能包含第 k 小的和，需要将搜索区间移动到更小的值，因此更新 r = mid。
- 因此，判断条件是 get_rank(mid) < k。

【参考答案】

A. get_rank(mid) < k

【考点识别】

入门级 | 4. 算法 | 4.3 基础算法 |【4】二分法

|4.5 排序算法|【3】排序的基本概念

【编程魔法师讲解考点】

一、二分法

二分法是一种经典的算法，它的核心思想是"分治"，即通过将问题规模一分为二，从而快速找到目标值。在有序数组中查找元素或者满足条件的元素位置时，二分法效率极高。以下是二分法的关键步骤：

（1）确定搜索区间：二分法需要有一个明确的搜索范围，通常由上下界（l 和 r）定义。本题中，我们的初始范围是从可能的最小和 0 到最大和 a[n-1] + b[n-1]。

（2）计算中间值：在每一轮迭代中，我们取中间值 mid = (l + r) / 2。中间值用于判断下一步搜索的方向。

（3）判断条件调整区间：如果中间值满足条件，就缩小搜索范围（如将 r 调整为 mid）；如果不满足条件，则扩大搜索范围（如将 l 调整为 mid + 1）。本题通过 get_rank(mid) 判断是否满足条件：若小于 k，说明需要搜索更大的区间；否则搜索更小的区间。

（4）循环终止条件：当上下界相等时，搜索完成。

二分法的时间复杂度为 $O(\log R)$，其中 $R$ 是搜索区间的长度。在本题中，由于 get_rank 的实现还涉及一次循环，其总复杂度是 $O(N \cdot \log N \cdot \log R)$。

二、排序算法的基本概念

排序是算法设计中的基础工具。本题中，利用两个数组的单调性实现排名计算，这依赖于排序后的如下特性。

（1）单调性：排序后的数组中，较小的数总是位于左侧，较大的数位于右侧。通过排序，可以避免重复计算和冗余判断。

（2）排序的目的：排序本身并不是解题的核心，而是为后续操作（如二分法）提供便利。本题中，数组的排序状态是输入条件，因此不需要在代码中显式排序。

（3）常见排序方法：冒泡排序、插入排序等适用于小规模数据。快速排序、归并排序适用于大规模数据，复杂度为 $O(N \cdot \log N)$。在 C++ 中，使用 std::sort 是更高效的选择。

【题目总结】

本题展示了如何将经典的算法（排序、二分法）结合起来，解决高难度的问题。通过掌握这些基础工具，可以帮助我们在实际竞赛中更高效地处理大规模数据问题！本题考查要点：

（1）二分法的实现与应用：本题通过分治策略，实现高效查找满足条件的目标值。

（2）排序算法的应用：利用两个数组的有序特性实现高效搜索，掌握排序算法的结合使用。

（3）组合数学的程序化实现：通过程序统计满足条件的组合，解决数学问题。

# 第 2 题

次短路

已知一个有 $n$ 个点、$m$ 条边的有向图 $G$，并且给定图中的两个点 s 和 t。要求次短路径（长度严格大于最短路径的最短路径），如果不存在，输出一行 "-1"；如果存在，输出两行：第一行表示次短路径的长度，第二行表示次短路径的一个方案。

```
#include <cstdio>
```

```cpp
#include <queue>
#include <utility>
#include <cstring>
using namespace std;

const int maxn = 2e5 + 10, maxm = 1e6 + 10, inf = 522133279;

int n, m, s, t;
int head[maxn], nxt[maxm], to[maxm], w[maxm], tot = 1;
int dis[maxn << 1], *dis2;
int pre[maxn << 1], *pre2;
bool vis[maxn << 1];

void add(int a, int b, int c) {
    ++tot;
    nxt[tot] = head[a];
    to[tot] = b;
    w[tot] = c;
    head[a] = tot;
}

bool upd(int a, int b, int d, priority_queue<pair<int, int>> &q) {
    if (d >= dis[b]) return false;
    if (b < n) __①__;
    q.push(__②__);
    dis[b] = d;
    pre[b] = a;
    return true;
}

void solve() {
    priority_queue<pair<int, int>> q;
    q.push(make_pair(0, s));
    memset(dis, __③__, sizeof(dis));
    memset(pre, -1, sizeof(pre));
    dis2 = dis + n;
    pre2 = pre + n;
    dis[s] = 0;
    while (!q.empty()) {
        int aa = q.top().second; q.pop();
        if (vis[aa]) continue;
        vis[aa] = true;
        int a = aa % n;
        for (int e = head[a]; e; e = nxt[e]) {
            int b = to[e], c = w[e];
            if (aa < n) {
                if (!upd(a, b, dis[a] + c, q))
                    __④__;
            } else {
                upd(n + a, n + b, dis2[a] + c, q);
            }
        }
    }
```

198

```
    }
}
void out(int a) {
    if (a != s) {
        if (a < n) out(pre[a]);
        else out(__⑤__);
    }
    printf("%d%c", a % n + 1, " \n"[a == n + t]);
}
int main() {
    scanf("%d%d%d%d", &n, &m, &s, &t);
    s--, t--;
    for (int i = 0; i < m; ++i) {
        int a, b, c;
        scanf("%d%d%d", &a, &b, &c);
        add(a - 1, b - 1, c);
    }
    solve();
    if (dis2[t] == inf) puts("-1");
    else {
        printf("%d\n", dis2[t]);
        out(n + t);
    }
}
```

【程序详细分析】

功能说明：

该程序实现了在有向图中计算从 s 点到 t 点的次短路径。具体实现如下。

（1）使用了两组距离数组（dis 和 dis2）分别记录最短路径和次短路径。

（2）通过优先队列（priority_queue）结合标志位（vis）实现了一种基于 Dijkstra 算法的单源多目标路径求解。

（3）程序会先计算最短路径，再通过对路径状态的扩展求得次短路径。

程序块说明

1. 数据结构和辅助函数

```
const int maxn = 2e5 + 10, maxm = 1e6 + 10, inf = 522133279;
```

功能：

定义了数组的最大规模：maxn：最多 20 万个点；maxm：最多 100 万条边。定义了一个较大的常量 inf 表示无穷大（无法到达的状态）。

```
int head[maxn], nxt[maxm], to[maxm], w[maxm], tot = 1;
```

功能：使用邻接表存储图，head 为每个点的出边表头指针，nxt 是链表中的后继指针，to 是边指向的点，w 是边的权重，tot 记录当前边的总数。

```
int dis[maxn << 1], *dis2;
```

```cpp
int pre[maxn << 1], *pre2;
bool vis[maxn << 1];
```

功能：
- dis 数组记录点到起点的最短路径长度，dis2 是次短路径长度。
- pre 数组记录路径中的前驱节点，用于后续路径输出。

2. 建图函数

```cpp
void add(int a, int b, int c) {
    ++tot;
    nxt[tot] = head[a];
    to[tot] = b;
    w[tot] = c;
    head[a] = tot;
}
```

功能：
add 函数用于添加一条从点 a 到 b 的边，权重为 c，并通过邻接表存储。

3. 更新路径的辅助函数

```cpp
bool upd(int a, int b, int d, priority_queue<pair<int, int>> &q) {
    if (d >= dis[b]) return false;        // 新路径长度大于或等于已知路径长度，直接返回 false
    if (b < n) __①__;                      // 需要在此处更新 dis2 数组
    q.push(__②__);                         // 将新的路径信息加入优先队列
    dis[b] = d;                            // 更新路径长度
    pre[b] = a;                            // 更新路径前驱
    return true;                           // 成功更新返回 true
}
```

功能：
该函数用于尝试更新从点 a 到点 b 的路径长度。关键点：当次短路径需要更新时，将状态推入优先队列。

4. 求解函数

```cpp
void solve() {
    priority_queue<pair<int, int>> q;       // 优先队列存储路径长度和节点信息
    q.push(make_pair(0, s));                // 起点 s 入队
    memset(dis, __③__, sizeof(dis));        // 初始化距离数组
    memset(pre, -1, sizeof(pre));           // 初始化前驱数组
    dis[s] = 0;                             // 起点到自身的距离为 0

    while (!q.empty()) {
        int aa = q.top().second; q.pop();
        if (vis[aa]) continue;              // 如果该点已访问，跳过
        vis[aa] = true;                     // 标记为已访问
        int a = aa % n;                     // 当前点在原图中的编号

        for (int e = head[a]; e; e = nxt[e]) {
            int b = to[e], c = w[e];        // 遍历当前点的所有出边
```

```
                if (aa < n) {                        // 如果当前点在最短路径状态
                    if (!upd(a, b, dis[a] + c, q))
                        __④__;                       // 更新次短路径状态
                } else {                             // 如果当前点在次短路径状态
                    upd(n + a, n + b, dis2[a] + c, q);
                }
            }
        }
    }
}
```

功能：

使用优先队列维护动态路径长度，每次取出距离最小的点进行松弛操作。按状态区分最短路径和次短路径更新。

5. 输出路径函数

```
void out(int a) {
    if (a != s) {                                    // 如果当前点不是起点
        if (a < n) out(pre[a]);                      // 如果在最短路径状态，递归打印前驱路径
        else out(__⑤__);                             // 如果在次短路径状态，递归打印前驱路径
    }
    printf("%d%c", a % n + 1, " \n"[a == n + t]);
}
```

功能：

递归方式输出路径：路径节点按顺序依次打印。

6. 主函数

```
int main() {
    scanf("%d%d%d%d", &n, &m, &s, &t);
    s--, t--;                                        // 将点编号调整为从 0 开始
    for (int i = 0; i < m; ++i) {                    // 读取边信息并创建图
        int a, b, c;
        scanf("%d%d%d", &a, &b, &c);
        add(a - 1, b - 1, c);
    }
    solve();                                         // 求解次短路径
    if (dis2[t] == inf) puts("-1");                  // 如果次短路径不存在
    else {
        printf("%d\n", dis2[t]);                     // 输出次短路径长度
        out(n + t);                                  // 输出次短路径方案
    }
}
```

功能：

（1）输入数据：从标准输入读取图的基本信息。

（2）创建图：使用邻接表存储图的信息，调用 add 函数逐条添加边。

（3）求解次短路径：调用 solve 函数，通过扩展 Dijkstra 算法求解从 s 点到 t 点的次短路径。

（4）判断结果并输出：根据算法的结果，输出次短路径的长度及具体路径，或输出 -1 表示次短路径不存在。

**选择题**

（1）①处应填（　　）。

A. upd(pre[b], n+b, dis[b], q)  　　　　B. upd(a, n+b, d, q)

C. upd(pre[b], b, d, q)　　　　　　　　D. upd(a, b, d, q)

**【分析解释】**

**一、背景逻辑分析**

程序的目的是在最短路径状态下计算次短路径，并通过调用 upd 函数完成更新。①处出现的代码位置与 upd 函数调用有关，目的是在进入次短路径状态时维护路径长度和状态。

**二、upd 函数的作用**

第 1 个参数：表示路径更新的来源点；第 2 个参数：表示路径更新的目标点；第 3 个参数：表示更新的路径长度；第 4 个参数：动态维护优先队列。

①处的具体语境：

从最短路径状态进入次短路径状态，需要：使用 最短路径的前驱节点（pre[b]）作为路径来源；更新次短路径的目标点编号为 n+b（表示次短路径状态点）；更新路径长度为当前最短路径的长度（dis[b]）；使用优先队列维护状态（q）。

**三、选项分析**

| 选　项 | 解　析 |
| --- | --- |
| A. upd(pre[b], n+b, dis[b], q) | 正确答案：路径来源为 pre[b]，目标点为次短状态的点 n+b，路径长度为 dis[b]，符合逻辑 |
| B. upd(a, n+b, d, q) | 错误：使用当前点 a，而不是最短路径的前驱节点 pre[b] |
| C. upd(pre[b], b, d, q) | 错误：目标点未切换到次短路径状态 n+b，仍是最短路径状态 |
| D. upd(a, b, d, q) | 错误：没有使用前驱节点 pre[b]，目标点未切换到次短路径状态 n+b |

**【参考答案】**

A. upd(pre[b], n+b, dis[b], q)

（2）②处应填（　　）。

A. make_pair(-d, b)　　B. make_pair(d, b)　　C. make_pair(b, d)　　D. make_pair(-b, d)

**【分析解释】**

**一、背景复习：优先队列的作用**

程序中的优先队列 q 用来动态维护每个点的路径长度，优先出队最短路径点进行松弛操作。在 priority_queue 中，默认情况下会按照大根堆排序（即优先返回最大的元素）。为了在最短路径问题中优先取出路径长度最小的点，路径长度应存储为负值，以此让较小路径优先出队。

**二、②处的功能**

在 upd 函数中调用 q.push(__ ② __)，目的是将路径更新的状态推入优先队列，状态包括：路径长度（-d）：** 使用负值以保证优先队列按最短路径优先处理；** 目标点编号（b）：** 表示当前路径的目标点编号。

### 三、选项分析

| 选 项 | 分 析 |
|---|---|
| A. make_pair(-d, b) | 正确答案：路径长度取负值（-d），优先队列中按照路径长度升序排序，同时保存目标点 b 的编号 |
| B. make_pair(d, b) | 错误：路径长度未取负值，优先队列将无法按最短路径优先出队，违背算法要求 |
| C. make_pair(b, d) | 错误：将路径长度和点编号的位置互换，与优先队列的排序逻辑不符 |
| D. make_pair(-b, d) | 错误：将点编号取负值，路径长度为正值，逻辑完全错误 |

【参考答案】
A. make_pair(-d, b)

（3）③处应填（　　）。

A. 0xff　　　　　　　B. 0x1f　　　　　　　C. 0x3f　　　　　　　D. 0x7f

【分析解释】

一、背景复习：memset 初始化的作用

```
memset(dis, __③__, sizeof(dis));
```

dis 数组用来存储从起点到每个点的路径长度。初始化时，dis 的值应该足够大，用于表示"不可达"或"无穷大"的状态；程序中通过比较路径长度更新值，因此初始化的值不能与合法的路径长度冲突。

二、如何选择初始化值

memset 会将数组的每字节填充为指定的值；对于 int 类型（通常为 4 字节），memset 会将该字节重复填充 4 次；因此，如果每字节填充为 0x1f（31），最终 int 的值会变成 0x1f1f1f1f。

常见的填充值：0x1f1f1f1f（由 0x1f 填充）：常用的初始化"无穷大"值，足够大且不会与实际路径长度冲突。0x3f3f3f3f（由 0x3f 填充）：另一个常见的表示"无穷大"的值，但在某些题目中可能过大。其他填充值如 0xff 和 0x7f，可能引发逻辑问题或冲突。

三、选项分析

| 选 项 | 分 析 |
|---|---|
| A. 0xff | 错误：填充值会导致最终 int 取值为 0xffffffff（-1），逻辑错误 |
| B. 0x1f | 正确答案：填充值为 0x1f1f1f1f，是合适的"无穷大"近似值 |
| C. 0x3f | 错误：虽然 0x3f 常用于表示"无穷大"，但具体题目可能要求更小的值以避免逻辑冲突 |
| D. 0x7f | 错误：填充值过大，可能与路径长度逻辑产生冲突 |

【参考答案】
B. 0x1f

（4）④处应填（　　）。

A. upd(a, n+b, dis[a]+c, q)　　　　　B. upd(n+a, n+b, dis2[a]+c, q)

C. upd(n+a, b, dis2[a]+c, q)　　　　　D. upd(a, b, dis[a]+c, q)

【分析解释】

一、背景分析：路径更新逻辑

在代码中，④处负责更新从最短路径状态到次短路径状态的逻辑。目标是将从点 a（最短路径状态）

到点 n+b（次短路径状态）的路径加入优先队列，路径长度为 dis[a] + c。

## 二、关键点总结

起点选择：当前点的状态是最短路径状态，更新的起点为 a。

目标点选择：更新目标点为 n+b（表示次短路径状态的编号）。

路径长度选择：路径长度为 dis[a] + c。

优先队列：用于维护路径长度的优先级。

## 三、选项分析

| 选项 | 解释 |
|---|---|
| A. upd(a, n+b, dis[a]+c, q) | 正确答案：起点是最短路径状态的 a，目标点为次短路径状态的 n+b，路径长度为 dis[a] + c，符合逻辑 |
| B. upd(n+a, n+b, dis2[a]+c, q) | 错误：起点为 n+a（次短路径状态），而此处应为最短路径状态的 a；路径长度不应是 dis2[a]，应为 dis[a] |
| C. upd(n+a, b, dis2[a]+c, q) | 错误：目标点为 b，但应为 n+b（次短路径状态）；起点也不应为 n+a |
| D. upd(a, b, dis[a]+c, q) | 错误：目标点是 b（最短路径状态），但应为 n+b（次短路径状态） |

**【参考答案】**

A. upd(a, n+b, dis[a]+c, q)

（5）⑤处应填（　　）。

A. pre2[a%n]　　　B. pre[a%n]　　　C. pre2[a]　　　D. pre[a%n]+1

**【分析j解释】**

一、背景复习：路径回溯的逻辑

函数 out(int a) 的核心功能是递归输出从起点 s 到当前点 a 的路径。⑤处逻辑负责处理当 a 处于次短路径状态（a >= n）时的路径回溯。具体分两种情况：

（1）最短路径状态（a < n）：使用 pre[a] 获取当前点的前驱节点。

（2）次短路径状态（a >= n）：使用次短路径的前驱信息，此时需要通过 pre2 数组获取前驱节点。

二、关键点分析

（1）a >= n 表示当前点处于次短路径状态：需要用 pre2 数组存储的次短路径前驱信息。当前点编号 a 是次短路径扩展状态的编号，需通过 a % n 获取原图对应的节点编号。

（2）pre2[a%n] 的作用：将编号还原为原图节点编号，获取正确的次短路径前驱节点。

三、选项分析

| 选项 | 解析 |
|---|---|
| A. pre2[a%n] | 正确答案：通过 a % n 获取原图节点编号，并从 pre2 中获取次短路径的前驱节点，符合逻辑 |
| B. pre[a%n] | 错误：pre 适用于最短路径状态，次短路径状态需要使用 pre2 |
| C. pre2[a] | 错误：直接使用 a 索引，无法正确还原为原图编号 |
| D. pre[a%n]+1 | 错误：无意义的 +1 操作且错误使用了 pre |

**【参考答案】**

A. pre2[a%n]

【考点识别】

提高级 | 4. 算法 | 4.7 图论算法 | 【6】单源最短路：Bellman-Ford、Dijkstra、SPFA 等算法

【编程魔法师讲解考点】

在本题中，我们讨论的考点是单源最短路问题及其求解算法。属于提高级别的重要内容。接下来，我们结合实际算法进行深入讲解。

### 一、什么是单源最短路问题

单源最短路问题的目标是：在一个加权图中，从某个起点 s 出发，找到到达所有其他点的最短路径长度。如果目标图中存在负权边，还需要考虑特殊处理避免负权回路。单源最短路问题有以下几个特点。单源：起点固定；最短：总路径权重最小；可扩展：在最短路径算法的基础上，还可以拓展次短路径、限制路径等问题。常见算法：Bellman-Ford、Dijkstra 和 SPFA。

### 二、Bellman-Ford 算法

**Bellman-Ford** 是解决单源最短路径的一种通用算法，适用于图中可能存在负权边的情况。它的基本思想是：初始化起点到所有其他点的距离为 ∞，起点到自身距离为 0。对每条边进行 n-1 次松弛操作（其中 n 是节点数）。如果第 n 次松弛还能更新距离，说明存在负权回路。

优点：能处理负权边，适合更广泛的应用。算法简单，容易实现。

缺点：时间复杂度为 $O(n \times m)$，在稠密图上较慢。

### 三、Dijkstra 算法

**Dijkstra** 是解决单源最短路径的经典算法，要求图中权重均为非负数。其核心思想是：通过优先队列（最小堆）动态维护一个集合，集合中存储起点到所有其他点的最短路径信息。每次选择当前未处理的距离最小的节点，对其邻接点进行松弛操作。重复上述过程，直到所有节点被处理。

优点：时间复杂度较低，为 $O((n+m) \log n)$（使用优先队列）。简单直观，适合解决绝大多数的最短路径问题。

缺点：无法处理负权边。

### 四、SPFA 算法（队列优化的 Bellman-Ford）

**SPFA** 是对 Bellman-Ford 算法的优化，其核心思想是使用队列来存储需要松弛的节点。初始时将起点加入队列，并设定起点到自身的距离为 0。每次从队列中取出一个节点，尝试松弛其所有邻接点。如果某个邻接点的距离被更新，则将该点加入队列。

优点：平均时间复杂度优于 Bellman-Ford，通常为 $O(m)$。能处理负权边。

缺点：最坏时间复杂度仍然是 $O(n \times m)$。

### 五、本题中的 Dijkstra 算法扩展

在本题中，我们使用 Dijkstra 算法求解单源次短路径问题。具体实现如下：通过维护两个距离数组 dis 和 dis2，分别记录从起点 s 到各点的最短路径长度和次短路径长度。利用优先队列动态选择当前最短路径点，并尝试更新其邻接点的最短路径和次短路径。如果 dis[b] 无法更新，则尝试更新 dis2[b]，以此完成次短路径的求解。

关键点：通过优先队列实现高效的路径选择，时间复杂度为 $O((n+m) \log n)$。松弛操作中区分最短路径和次短路径的逻辑。

## 【题目总结】
Dijkstra 算法通过优先队列实现高效的路径松弛，是解决单源最短路径问题的最佳选择之一。本题通过扩展该算法，求解了从起点到终点的次短路径，进一步展现了算法的灵活性与实用性，这种思想在竞赛中应用广泛。

# 7.2 2023 年 CSP-S 完善程序题

### 第 1 题
第 $k$ 小路径

给定有向无环图有 $n$ 个节点 $m$ 条边，顶点编号从 0 到 $n$-1。对于一条路径，我们定义"路径序列"为该路径从起点出发依次经过的顶点编号构成的序列。求所有至少包含一个点的简单路径中，"路径序列"字典序第 $k$ 小的路径。保证存在至少 $k$ 条路径。

上述参数满足 $1 \leq n,m \leq 10^5$ 和 $1 \leq k \leq 10^{18}$。在程序中，我们需要求出从每个点出发的路径数量。超过 $10^{18}$ 的数据都用 $10^{18}$ 表示。然后根据 $k$ 的值和每个顶点的路径数量，确定路径的起点，然后可以类似地依次求出路径中的每个点。试补全程序。

```cpp
#include <iostream>
#include <algorithm>
#include <vector>

const int MAXN = 100000;
const long long LIM = 1000000000000000011;

int n, m, deg[MAXN];
std::vector<int> E[MAXN];
long long k, f[MAXN];

int next(std::vector <int> cand, long long &k) {
    std::sort(cand.begin(), cand.end());
    for (int u : cand) {
        if(_ ① _) return u;
        k -= f[u];
    }
    return -1;
}

int main() {
    std::cin >> n >> m >> k;
    for (int i = 0;i < m; ++i) {
        int u, v;
        std::cin >> u >> v;        // 条从 u 到 v 的边
        E[u].push_back(v);
```

```
            ++deg[v];
        }
    std::vector<int> Q;
    for (int i = 0;i < n; ++i)
        if (!deg[i]) Q.push_back(i);
    for(int i = 0;i < n; ++i){
        int u = Q[i];
        for (int v : E[u]) {
            if(_②_) Q.push_back(v);
            --deg[v];
        }
    }
    std::reverse(Q.begin(), Q.end());
    for (int u:Q) {
        f[u] = 1;
        for (int v : E[u]) f[u] = _③_;
    }
    int u = next(Q, k);
    std::cout << u << std::endl;
    while(_④_){
        _⑤_;
        u = next(E[u], k);
        std::cout << u << std::endl;
    }
    return 0;
}
```

【程序详细分析】

程序功能说明：此程序的功能是在一个有向无环图（DAG）中，计算每个节点到其他节点的路径数量，并根据路径序列字典序找到第 $k$ 小的路径序列。

程序块分析与讲解

1. 全局变量声明

```
const int MAXN = 100000;
const long long LIM = 1000000000000000011;

int n, m, deg[MAXN];
std::vector<int> E[MAXN];
long long k, f[MAXN];
```

功能：

- AXN：图中顶点的最大数量。
- LIM：$10^{18}+11$，表示超过 $10^{18}$ 的路径数量。
- deg[MAXN]：存储每个顶点的入度，用于拓扑排序。
- E[MAXN]：图的邻接表表示法，E[u] 存储从点 u 出发的所有边。
- k：用户输入的字典序第 k 小路径。
- f[MAXN]：表示从某个顶点出发的路径总数（动态规划的状态数组）。

207

## 2. 辅助函数 next

```
int next(std::vector<int> cand, long long &k) {
    std::sort(cand.begin(), cand.end());
    for (int u : cand) {
        if (f[u] >= k) return u;        // 如果路径数量大于或等于 k，返回当前节点
        k -= f[u];                       // 否则减去路径数量，继续找下一个节点
    }
    return -1;
}
```

功能：用于从候选节点集合中选择字典序最小的顶点 u，使得包含该顶点的路径序列仍能满足字典序第 k 小的要求。

逻辑：

（1）候选集合 cand 按字典序排序。

（2）遍历所有候选顶点，检查从某顶点出发的路径数量 f[u] 是否满足 f[u] ≥ k。

（3）若满足条件，返回顶点 u；否则，从 k 中减去 f[u] 并继续检查下一个候选顶点。

```
主函数初始化与输入
std::cin >> n >> m >> k;
for (int i = 0; i < m; ++i) {
    int u, v;
    std::cin >> u >> v;             // 读取从 u 到 v 的边
    E[u].push_back(v);              // 邻接表存储边
    ++deg[v];                        // 更新顶点 v 的入度
}
```

功能：初始化图的结构，包括读取边的输入，并存储为邻接表。注意：deg[v] 的值表示顶点 v 的入度，用于后续的拓扑排序。

## 3. 拓扑排序

```
std::vector<int> Q;
for (int i = 0; i < n; ++i)
    if (!deg[i]) Q.push_back(i);             // 入度为 0 的点加入队列
for (int i = 0; i < n; ++i) {
    int u = Q[i];
    for (int v : E[u]) {
        if (--deg[v] == 0) Q.push_back(v);   // 如果入度变为 0，加入队列
    }
}
std::reverse(Q.begin(), Q.end());
```

功能：对图进行拓扑排序，得到一个线性序列。入度为 0 的节点首先入队列。依次将队列中的节点出队，并减少其相邻节点的入度，若相邻节点的入度变为 0，则将其加入队列。注意：std::reverse 将拓扑序列反转，用于后续动态规划计算路径数量。

动态规划计算路径数量

```
for (int u : Q) {
    f[u] = 1;                                // 初始每个节点至少有一条路径（自身路径）
```

```
    for (int v : E[u])
        f[u] = std::min(LIM, f[u] + f[v]);    // 累加路径数量，限制不超过 LIM
}
```

功能：从拓扑排序的最后一个点开始，依次计算从每个顶点出发的路径数量。如果 f[u]] 累加的结果超过 LIM，直接限制为 LIM。

4. 确定路径序列

```
int u = next(Q, k);
std::cout << u << std::endl;
while (k > 1) {
    u = next(E[u], k);                        // 从当前顶点的邻接节点中选择下一步
    std::cout << u << std::endl;
}
```

功能：从拓扑排序中找到字典序第 k 小的路径序列。首先调用 next 从候选点集合 Q 中确定路径的起点。然后依次从邻接点集合中继续选择路径上的下一点，直到 k 减为 1。

程序逻辑小结

（1）利用拓扑排序和动态规划计算从每个顶点出发的路径数量。

（2）通过辅助函数 next，根据路径数量选择字典序第 k 小的路径。

（3）输出路径中的所有顶点，逐步确定完整的路径序列。

选择题

（1）①处应填（    ）。

A. $k \geqslant f[u]$　　　　B. $k \leqslant f[u]$　　　　C. $k>f[u]$　　　　D. $k<f[u]$

【分析解析】

根据代码逻辑：

```
for (int u : cand) {
    if (_①_) return u;
    k -= f[u];
}
```

（1）遍历候选集合 cand，需要确定顶点 u 是否符合条件，从而返回该点。

（2）若顶点路径数量 f[u] 足够满足第 k 小路径需求，则当前顶点 u 可以作为路径的起始点，判断条件为 $k \leqslant f[u]$。

（3）否则，路径数量不足，减去 f[u] 并继续判断下一个节点。

因此，①处应填写 $k \leqslant f[u]$。

【参考答案】

B. $k \leqslant f[u]$

（2）②处应填（    ）。

A. deg[v]==1　　　　B. deg[v]==0　　　　C. deg[v]>1　　　　D. deg[v]>0

【分析解析】

此代码片段在拓扑排序逻辑中，作用是将符合条件的顶点 v 加入队列。代码如下：

```
for (int v : E[u]) {
    if ( _②_ ) Q.push_back(v);
    --deg[v];
}
```

代码逻辑分析：

遍历顶点 u 的邻接点集合 E[u]，将每个点 v 的入度 deg[v] 减 1。②处条件决定顶点 v 是否加入队列。如果顶点的入度减为 0，表示它的所有前驱顶点均已处理完成，可以加入队列。

选项分析：

A. deg[v]==1：v 的入度为 1，意味着在当前处理过程中，减去 1 后该顶点入度将变为 0，需要加入队列。

B. deg[v]==0：仅当顶点入度完全为 0 时才加入队列，但这里入度的判断应发生在减少前，即需要 deg[v]==1。

C. deg[v]>1：表示顶点仍有多个前驱未处理，不符合条件。

D. deg[v]>0：入度大于 0 的顶点不满足拓扑排序要求。

正确判断：减少入度之前，需满足 deg[v]==1，减 1 后入度变为 0，顶点 v 加入队列。

【参考答案】

A. deg[v]==1

（3）③处应填（　　）。

A. std::min(f[u]+f[v],LIM)　　　B. std::min(f[u]+f[v]+1,LIM)

C. std::min(f[u]×f[v],LIM)　　　D. std::min(f[u]×(f[v]+1),LIM)

【分析解析】

代码背景：

此段代码位于动态规划部分，用于计算从顶点 u 出发的路径数量 f[u]。代码如下：

```
for (int v : E[u])
    f[u] = _③_ ;
```

逻辑分析：

（1）f[u] 表示从顶点 u 出发的所有简单路径的数量。

（2）对于顶点 u 的每个相邻顶点 v，从 u 出发的路径数量需要累加 v 的路径数量 f[v]。

（3）如果路径数量超过预设的上限 LIM，则限制其值为 LIM，避免超出范围。

选项分析：

A. std::min(f[u]+f[v],LIM)：将顶点 v 的路径数量 f[v] 累加到 f[u]，并限制总和不超过 LIM。符合逻辑，路径数量应累加。

B. std::min(f[u]+f[v]+1,LIM)：额外加了 1，不符合题意，没有额外路径的需求。

C. std::min(f[u]×f[v],LIM)：路径数量应是相加而不是相乘，路径数量的动态规划本质是累加。

D. std::min(f[u]×(f[v]+1),LIM)：路径数量逻辑错误，累加不需要乘法。

【参考答案】

A. std::min(f[u]+f[v],LIM)

（4）④处应填（    ）。

A. u≠-1　　　　　B. !E[u].empty()　　　　C. k>0　　　　　D. k>1

【分析解析】

此处代码位于路径输出的循环条件部分：

```
while ( _④_ ) {
    _⑤_ ;
    u = next(E[u], k);
    std::cout << u << std::endl;
}
```

代码功能：
- k 是当前目标路径的索引，初始值用户指定。
- 每次迭代都会减少 k，最终 k=1 时应停止循环，因为路径序列的第 k 小路径已经找到并输出完成。
- 因此，循环的终止条件是 k≤1，相反的循环条件则是 k>1。

选项分析：

A. u≠-1：next 函数负责确保当前节点 u 的有效性，如果路径已经用尽或 k 已无效，next 会返回 -1。然而，循环终止的核心逻辑并非节点有效性，而是 k 的范围控制。因此 u≠-1 不是主要条件。

B. !E[u].empty()：此选项判断当前节点是否有邻接节点，但路径的迭代核心是 k，而非邻接表是否为空。

C. k>0：如果 k>0 是条件，那么循环在 k=1 时仍会继续，而这不符合逻辑。目标是在 k=1 时停止，因此 k>0 不够准确。

D. k>1：当 k>1 时继续迭代寻找路径；当 k=1 时终止，符合程序逻辑。

【参考答案】

D. k>1

（5）⑤处应填（    ）。

A. k+f[u]　　　　B. k-=f[u]　　　　C. --k　　　　　D. ++k

【分析解析】

⑤处代码逻辑：

```
while (k > 1) {
    _⑤_ ;
    u = next(E[u], k);
    std::cout << u << std::endl;
}
```

任务：在循环中，逐步输出目标路径的每个节点。k 是当前剩余需要查找的路径序列索引值，每次循环都需要调整 k，以确保正确地找到下一个节点。

正确逻辑：此处 k 的更新应反映程序控制逻辑。每次循环只输出一个路径上的节点，并逐步逼近最终路径。因此 k 只需要简单地递减即可，而不是根据路径的数量 f[u] 调整。

选项分析：

A. k+f[u]：k 的更新应减少而非增加，错误。

211

B. k-=f[u]：此选项在动态规划中用于路径数量的累减，但在循环输出路径时，不需要进行路径数量计算。

C. --k：每次仅递减 k，表示当前路径索引更新到下一个节点。符合逻辑，因为每次循环输出一个节点后，只需调整 k 以反映剩余的路径索引。

D. ++k：k 的值不应增加，因此错误。

【参考答案】

C. --k

【考点识别】

提升级 | 4. 算法 | 4.7 图论算法 | [6] 有向无环图的拓扑排序

| 4.6 动态规划 | [6] 树型动态规划

【编程魔法师讲解考点】

一、有向无环图的拓扑排序

拓扑排序是一种图论算法，用于处理 有向无环图（DAG），确定图中节点的一种线性序，使得对于图中的任意一条边 u→v，节点 u 必须排在节点 v 的前面。

1. 拓扑排序的特点

适用范围：图必须是 有向无环图（DAG），即无任何回路。

结果唯一性：若图中存在多种排列方式满足拓扑序条件，则排序结果可能不是唯一的。

实现方式：

BFS（广度优先搜索）：使用队列存储当前入度为 0 的顶点，逐层处理。

DFS（深度优先搜索）：递归处理节点，先处理后续节点，最后通过逆序构建拓扑序列。

时间复杂度：BFS 和 DFS 的时间复杂度均为 $O(V+E)$，其中 $V$ 是顶点数，$E$ 是边数。

2. 实现步骤（以 BFS 为例）

初始化：计算每个节点的入度。将所有入度为 0 的节点加入队列。

遍历队列：从队列中取出一个节点，将其加入拓扑序列。删除该节点的所有出边，并更新其邻接节点的入度。如果某个邻接节点的入度变为 0，则将其加入队列。

判断是否成功：如果遍历完成后所有节点都在拓扑序列中，则排序成功。如果存在环，某些节点永远不会进入队列，拓扑排序失败。

3. 考点应用：本题通过拓扑排序确定路径的递推顺序，确保动态规划从底部节点向顶部节点递推计算。

二、树结构动态规划

树结构动态规划是一种适用于树或有向无环图（DAG）的动态规划方法，通常用来解决子树问题或路径问题。

1. 树结构动态规划的特点

图的结构特性：树是一种特殊的无环图，树结构动态规划通常从树的叶子节点开始递推，逐步向上计算。

状态定义：每个节点的状态表示从该节点出发的某种特性值（如路径数量、子树大小等）。

状态转移：节点的状态由其子节点或邻接节点的状态递推而来。

边界条件：树的叶子节点是递推的起点，通常初始化为1或0。

2. 本题中的动态规划

状态定义：f[u]：从节点 u 出发的路径数量。

递推公式：对于每个节点 u，从其邻接点 v 的状态递推：$f[u]=\sum_{v\in E[u]}f[v]$

本题中还需限制路径数量的上限 LIM，防止数据溢出。

边界条件：图中所有出度为 0 的节点（叶子节点）初始化为 1。

实现方式：使用拓扑排序确定递推顺序，从叶子节点向上逐步计算。

【题目总结】

本题结合了拓扑排序和树结构动态规划，解决以下问题：使用拓扑排序确定动态规划的递推顺序。通过树结构动态规划计算路径数量。使用贪心策略按字典序生成目标路径。是图论与动态规划交叉应用的典型案例。

### 第 2 题

最大值之和

给定整数序列 $a_0,a_1,\cdots,a_{n-1}$，要求该序列所有非空连续子序列的最大值之和。上述参数满足 $1\leq n\leq 10^5$ 和 $1\leq a_i\leq 10^8$。

一个序列的非空连续子序列可以用两个下标 $l$ 和 $r$（其中 $0\leq l<r<n$）表示，对应的序列为 $a_l,a_{l+1},\cdots,a_r$。两个非空连续子序列不同，当且仅当下标不同。

例如，当原序列为 [1,2,1,2] 时，要计算子序列 [1]、[2]、[1]、[2]、[1,2]、[2,1]、[1,2]、[2,1,2]、[1,2,1]、[2,1,2]、[1,2,1,2] 的最大值之和，答案为 18。注意 [1] 和 [2,2] 虽然是原序列的子序列，但不是连续子序列，所以不应该被计算。另外，注意其中有一些值相同的子序列，但由于它们在原序列中的下标不同，所以属于不同的非空连续子序列，会被分别计算。

解决该问题有许多算法，以下程序使用分治算法，时间复杂度为 $O(n\log n)$。

试补全程序：

```cpp
#include <iostream>
#include <algorithm>
#include <vector>

const int MAXN = 100000;

int n;
int a[MAXN];
long long ans;

void solve(int l, int r) {
    if (l + 1 == r) {
        ans += a[l];
        return;
    }
    int mid = (l + r) >> 1;
    std::vector<int> pre(a + mid, a + r);
```

```cpp
        for (int i = 1; i < r - mid; ++i) _①_;
        std::vector<long long> sum(r - mid + 1);
        for (int i = 0; i < r - mid; ++i) sum[i + 1] = sum[i] + pre[i];
        for (int i = mid - 1, j = mid, max = 0; i >= l; --i) {
            while (j < r && _②_) ++j;
            max = std::max(max, a[i]);
            ans += _③_;
            ans += _④_;
        }
        solve(l, mid);
        solve(mid, r);
    }

    int main() {
        std::cin >> n;
        for (int i = 0; i < n; ++i) std::cin >> a[i];
        _⑤_;
        std::cout << ans << std::endl;
        return 0;
    }
```

**【程序详细分析】**

功能说明：该程序的主要功能是通过分治法计算一个数组中所有非空连续子序列的最大值之和。分治法的时间复杂度为 $O(n\log n)$。

程序块分析与讲解

1. 头文件与全局变量定义

```cpp
#include <iostream>
#include <algorithm>
#include <vector>

const int MAXN = 100000;

int n;
int a[MAXN];
long long ans;
```

功能：

引入 iostream 用于输入输出，algorithm 提供标准算法如 std::max 和排序，vector 用于动态数组操作。MAXN 定义了数组最大容量 $10^5$，满足题目约束。n：输入数组的大小。a[MAXN]：存储输入的整数数组。ans：全局变量，用于存储所有非空连续子序列的最大值之和。

2. 递归函数起始部分

```cpp
void solve(int l, int r) {
    if (l + 1 == r) {
        ans += a[l];
        return;
    }
}
```

功能：

solve 是分治递归函数，用于处理子序列范围 [l,r)。递归终止条件：当区间长度为 1（即 l+1=r），直接将当前唯一元素值 a[l] 累加到 ans 中，返回结束递归。逻辑意义：每次分治，最小粒度是单个元素。

3. 分治的核心逻辑：划分与初始化右半区

```
int mid = (l + r) >> 1;
std::vector<int> pre(a + mid, a + r);
```

功能：

计算当前区间的中点 mid，划分为左区间 [l,mid) 和右区间 [mid,r)。利用 std::vector 初始化右半区 pre，存储从 a[mid] 到 a[r-1] 的元素，方便后续计算右侧的子序列最大值和前缀和。

4. 处理右半部分：初始化相关数组

```
for (int i = 1; i < r - mid; ++i) _①_;
std::vector<long long> sum(r - mid + 1);
for (int i = 0; i < r - mid; ++i) sum[i + 1] = sum[i] + pre[i];
```

功能：

遍历 pre 右半部分的元素，完成某种操作（由缺失的①决定，如排序或更新某个值）。初始化 sum 数组，存储右半区的前缀和：sum[i+1] 表示从 pre[0] 到 pre[i] 的连续和。通过 sum 数组，可以快速计算任意区间的和，例如 [k,m] 的和为 sum[m+1] - sum[k]。

5. 处理左半部分与右半部分的组合逻辑

```
for (int i = mid - 1, j = mid, max = 0; i >= l; --i) {
    while (j < r && _②_) ++j;
    max = std::max(max, a[i]);
    ans += _③_;
    ans += _④_;
}
```

功能：

左半区遍历：从中点向左遍历左区间元素，以当前元素 a[i] 为起点。右半区遍历：右区间指针 j 移动到满足某条件的位置（由缺失的②决定，通常涉及子序列范围或和）。最大值更新：用 std::max 更新左半区的最大值 max，表示以当前 i 为起点的子序列的最大值。答案累加：③和④决定如何通过当前子序列的 max 和右区间的前缀和 sum 更新答案 ans。

6. 递归调用

```
solve(l, mid);
solve(mid, r);
```

功能：递归处理左区间 [l,mid) 和右区间 [mid,r)，分别计算两部分的非空连续子序列最大值之和。

7. 主函数

```
int main() {
    std::cin >> n;
    for (int i = 0; i < n; ++i) std::cin >> a[i];
```

215

```
    _⑤_;
    std::cout << ans << std::endl;
    return 0;
}
```

功能：

读取输入值 n 和数组 a。缺少的 ⑤ 可能是对全局变量 ans 初始化（例如 ans = 0）。调用 solve(0, n) 以区间 [0,n] 为范围，计算最终结果。输出答案。

**选择题**

（1）① 处应填（    ）。

A. pre[i] = std::max(pre[i − 1], a[i − 1])　　　　B. pre[i + 1] = std::max(pre[i], pre[i + 1])

C. pre[i] = std::max(pre[i − 1], a[i])　　　　　　D. pre[i] = std::max(pre[i], pre[i − 1])

【分析解释】

在程序中，pre 是从原数组 a 的右半部分 [mid, r) 拷贝得到的部分，用于后续计算右区间子序列的最大值。① 处的逻辑应更新 pre 数组，使其存储从左到右逐渐扩展的子序列的最大值。

选项分析：

A. pre[i] = std::max(pre[i − 1], a[i − 1])，pre[i] 的更新依赖于 a[i − 1]，但 a[i − 1] 的索引并不一定对应 pre 的索引，可能导致逻辑或越界错误。结论：错误

B. pre[i + 1] = std::max(pre[i], pre[i + 1])，更新的是 pre[i + 1]，而非 pre[i]。这种逻辑不符合逐步构造当前索引最大值的需求。结论：错误

C. pre[i] = std::max(pre[i − 1], a[i])，更新 pre[i] 时涉及原数组 a，但此时 pre 的更新应该仅与 pre 内部的值有关，而不应重新访问 a。结论：错误

D. pre[i] = std::max(pre[i], pre[i − 1])，pre[i] 是当前索引下的最大值，用 pre[i − 1] 进行更新时保证了与之前的子序列范围一致，且不依赖原数组 a。该逻辑符合在右半区中构建逐步扩展的子序列最大值的要求。结论：正确

【参考答案】

D. pre[i] = std::max(pre[i], pre[i − 1])

（2）② 处应填（    ）。

A. a[j] < max　　　　B. a[j] < a[i]　　　　C. pre[j − mid] < max　　　　D. pre[j − mid] > max

【分析解释】

在代码片段中，while (j < r && _ ② _) ++j; 的作用是：指针 j 遍历右半部分的数组 a，并移动到满足条件的位置。条件用于判断当前右半区值是否符合与左半区值结合的逻辑。a[j] 和 a[i] 是原数组中的值，a[i] 位于左半区，a[j] 位于右半区。

逻辑需求：

左半部分 a[i] 是当前子序列的左端点，其值可能用于计算子序列的最大值；右半部分 a[j] 是子序列的右端点，j 的移动条件是找到右半部分中小于左半部分当前值的元素。因此，正确的逻辑是：a[j] < a[i]，即当右半区的当前值小于左半区的值时，移动指针 j。

选项分析：

A. a[j] < max，条件判断右半区值是否小于左半区的最大值 max。但此处的 while 循环的本质是比较 a[j] 和 a[i]，而非与全局 max。错误。

B. a[j] < a[i]，此选项准确地比较了右半区当前值 a[j] 和左半区当前值 a[i]。符合程序逻辑，满足 j 的移动条件。正确。

C. pre[j − mid] < max，此选项尝试用右半区的值 pre[j − mid] 和左半区的最大值 max 进行比较，但此时逻辑上与 a[j] 和 a[i] 的直接比较无关。错误。

D. pre[j − mid] > max，判断右半区的值是否大于左半区的最大值，逻辑上错误，且与程序的目标相悖。错误。

**【参考答案】**

B. a[j] < a[i]

（3）③ 处应填（　　）。

A. (long long)(j − mid) * max        B. (long long)(j − mid) * (i − 1) * max

C. sum[j − mid]        D. sum[j − mid] * (i − 1)

**【分析解释】**

在代码中，③处用于更新全局变量 ans 的值。这里的更新逻辑依赖：当前左半部分的最大值为 max。右半部分的贡献：右半部分的范围由指针 j 决定，j − mid 表示右半部分的有效长度。我们需要计算左半部分当前值 max 与右半部分的贡献值之间的结合结果，并将其累加到答案中。

选项分析：

A. (long long)(j − mid) * max，含义：当前左半部分的最大值 max，乘以右半部分的有效长度 j − mid。逻辑：这是直接使用右半部分长度与左区间的最大值的结合，符合分治法的逻辑。结论：正确。

B. (long long)(j − mid) * (i − 1) * max，含义：在选项 A 的基础上额外引入了因子 (i − 1)。逻辑问题：在分治过程中，i 是左半部分的指针，其与右半部分的范围无关。多出的 (i − 1) 无法解释逻辑上对 ans 的贡献。结论：错误。

C. sum[j − mid]，含义：使用右半部分的前缀和，作为右半部分子序列的贡献。逻辑问题：sum[j − mid] 表示右半部分的和，但缺少与左半部分的结合（如 max 的作用）。结论：错误。

D. sum[j − mid] * (i − 1)，含义：在选项 C 的基础上，引入了 (i − 1)。逻辑问题：分治过程中不需要用左半部分指针 i 去影响右半部分的和。结论：错误。

**【参考答案】**

A. (long long)(j − mid) * max

（4）④ 处应填（　　）。

A. (long long)(r − j) * max        B. (long long)(r − j) * i * (mid − i) * max

C. sum[r − mid] − sum[j − mid]        D. (sum[r − mid] − sum[j − mid]) * (mid − i)

**【分析解释】**

在代码中，④处用于更新全局变量 ans 的值，表示右半部分有效区间与左半部分的结合贡献。具体逻辑如下：

右半部分的贡献：r − j 表示右半部分从指针 j 开始到 r 结束的元素个数。或者 sum[r − mid] − sum[j −

mid] 表示右半部分从指针 j 开始的子序列的总和。

左半部分的贡献：max 表示左半部分的当前最大值。需要将左区间的最大值与右区间结合，计算出完整子序列的最大值和贡献。

选项分析：

A. (long long)(r - j) * max，含义：右半区中从 j 到 r 的所有元素数量，乘以左半部分的最大值。逻辑正确性：这种计算只考虑了右区间的长度与左区间最大值的关系，忽略了右区间的具体和的计算。结论：不完全正确。

B. (long long)(r - j) * i * (mid - i) * max，含义：右半部分的长度乘以左半部分索引 i、区间宽度 (mid - i)，再乘以最大值 max。逻辑问题：i 和 (mid - i) 作为因子并无实际意义，且计算复杂度过高。结论：错误。

C. sum[r - mid] - sum[j - mid]，含义：计算右半部分从 j 到 r 的子序列总和（通过前缀和快速计算）。逻辑正确性：这种方法正确地计算了右半区具体的和，与左区间 max 的结合需要在外部完成。结论：正确。

D. (sum[r - mid] - sum[j - mid]) * (mid - i)，含义：在选项 C 的基础上，额外乘以 (mid - i)。逻辑问题：mid - i 是左区间的长度，与右区间和的关系无意义，结果不符合逻辑。结论：错误。

【参考答案】

C. sum[r - mid] - sum[j - mid]

（5）⑤ 处应填（    ）。

A. solve(0, n)　　　B. solve(0, n - 1)　　　C. solve(1, n)　　　D. solve(1, n - 1)

【分析解释】

solve 函数的目的是使用分治法解决子问题，并最终完成整个数组的最大值和计算。调用 solve 时的参数决定了初始范围的上下界。数组下标范围：在 C++ 中，数组下标从 0 开始，范围为 [0, n-1]，即下标从 0 到 n-1。solve 参数的意义：第一个参数表示左边界 l；第二个参数表示右边界 r，但 solve 的逻辑是处理区间 [l, r)，即左闭右开区间。初始范围：完整数组的范围应为 [0, n)，表示从下标 0 到下标 n-1。如果使用 solve(0, n-1)，会导致错误，因为区间右端点 n-1 是闭合的，而分治要求右端点是开区间。

选项分析：

A. solve(0, n)，表示整个数组的范围 [0, n)，是正确的初始调用方式。结论：正确。

B. solve(0, n - 1)，表示数组范围 [0, n-1)，但右端点 n-1 是闭合区间的一部分，无法正确处理。结论：错误。

C. solve(1, n)，表示数组范围 [1, n)，忽略了第一个元素，逻辑错误。结论：错误。

D. solve(1, n - 1)，表示数组范围 [1, n-1)，既忽略了第一个元素，又少处理了最后一个元素，逻辑错误。结论：错误。

⑤ 处调用 solve 时需要传递整个数组的范围，分治逻辑要求使用 [0, n) 的左闭右开区间，因此选项 A 是正确答案。

【参考答案】

A. solve(0, n)

**【考点识别】**

入门级 | 4. 算法 | 4.3 基础算法 |【3】递归法

提高级 | 4. 算法 | 4.3 基础算法 |【6】分治算法

**【编程魔法师讲解考点】**

根据本题涉及的考点，以下是对分治算法和递归法的讲解。

## 一、分治算法

分治算法（Divide and Conquer）是一种解决问题的算法设计范式，它的核心思想是将一个复杂的问题分解成多个规模较小的相同问题，再逐步解决这些子问题，最终将它们的解合并得到原问题的解。分治算法通常适用于可以分解成独立子问题且每个子问题的解能合并为原问题解的问题。

分治算法的基本步骤：

（1）分解：将一个大问题分解成多个小问题，这些小问题的形式与原问题相似，但规模更小。

（2）解决：递归地解决这些小问题，如果问题的规模足够小，直接解决这些问题。

（3）合并：将子问题的解合并成原问题的解。

经典应用：

（1）归并排序（Merge Sort）：通过分解数组并对每个部分排序，然后合并排序结果，得到最终排序。

（2）快速排序（Quick Sort）：通过选取基准元素，将数组分成两部分，递归地排序两部分。

（3）二分查找：在有序数组中，递归地将搜索区间一分为二，快速定位目标元素。

在本题中的应用：本题中的分治算法用于将问题分解为左右区间，递归地处理这些子区间。每次递归时，都需要处理数组的一部分，最终将各部分的结果合并得到总和。

## 二、递归法

递归（Recursion）是一种通过函数调用自身来解决问题的方法。递归通常适用于问题可以分解成规模较小的相似问题的场景。递归法可以简化代码，减少循环结构，易于解决具有自我相似结构的问题。

递归法的核心要素有两个：

（1）递归终止条件：任何递归函数都需要有终止条件，以避免无限递归。通常，当问题规模变小到某个阈值时，递归终止。

（2）递归调用：将问题分解成更小的子问题，并通过递归调用解决这些子问题。

递归的基本步骤：

（1）递归定义：定义递归函数和递归关系。

（2）递归终止：通过一个清晰的条件来终止递归，防止无限调用。

（3）递归调用：将问题拆分成更小的部分，递归调用。

经典应用：

阶乘：计算 n! = n·(n-1)·...·1。斐波那契数列：每个数都是前两个数的和。树的遍历：例如二叉树的前序遍历、后序遍历等。

在本题中的应用：

本题中的递归函数 solve 通过递归处理数组的左右区间，递归地计算各部分的最大值之和。递归帮助我们逐步拆解问题，每次解决一个较小的子问题，最终合并得到解。

总结：

分治算法：通过将问题分解成更小的子问题，逐步解决并合并结果。在本题中，分治算法用于分割数组并计算各区间的最大值之和。递归法：通过递归函数调用自身，解决问题。在本题中，递归帮助我们处理数组的左右区间，最终得到总的最大值之和。这两种技术是现代计算机科学中非常重要的工具，掌握它们可以帮助我们更加高效地解决许多问题。

【题目总结】

本题考查了分治算法和递归法，在处理数组问题时，通过递归地分解问题，将大问题转化为多个小问题，并通过合并子问题的解得到最终结果。通过这些算法技巧，能够在较高效的时间复杂度内解决数组相关的复杂问题。

## 7.3  CSP-S 完善程序模拟训练

### 第 1 题

给定一个长度为 $N$ 的整数数组 $A$，你需要找到所有相邻元素绝对差值中的第 $k$ 小的值。例如，对于数组 $A$=[4,7,10,20]，所有相邻元素绝对差值为 [3,3,10]。请设计程序高效解决该问题，要求使用二分查找法优化解法。

```cpp
#include <iostream>
#include <algorithm>
#include <cmath>
using namespace std;

const int maxn = 100005;
int A[maxn];

bool check(int mid, int *A, int n, int k) {
    int count = 0;
    for (int i = 1; i < n; ++i) {
        if (__①__) {
            count++;
        }
    }
    return __②__;
}

int solve(int *A, int n, int k) {
    int l = 0, r = __③__;
    while (l < r) {
        int mid = (l + r) >> 1;
        if (__④__) {
            r = mid;
        } else {
```

```
                l = mid + 1;
            }
        }
        return __⑤__;
    }
    int main() {
        int n, k;
        cin >> n >> k;
        for (int i = 0; i < n; ++i) cin >> A[i];
        sort(A, A + n); //
        cout << solve(A, n, k) << endl;
        return 0;
    }
```

**选择题**

（1）①处应填（　　）。

A. abs(A[i] - A[i - 1]) <= mid  　　　　B. A[i] - A[i - 1] <= mid

C. abs(A[i] - A[i - 1]) < mid  　　　　D. abs(A[i] - A[i]) <= mid

（2）②处应填（　　）。

A. count >= k 　　B. count <= k 　　C. count == k 　　D. count > k

（3）③处应填（　　）。

A. A[n - 1] - A[0] 　　B. A[n - 1] + A[0] 　　C. A[n - 1] * A[0] 　　D. A[n - 1] / A[0]

（4）④处应填（　　）。

A. check(mid, A, n, k) 　　B. !check(mid, A, n, k) 　　C. check(r, A, n, k) 　　D. check(l, A, n, k)

（5）⑤处应填（　　）。

A. L 　　B. r 　　C. mid 　　D. count

## 第 2 题

给定一个带权的有向图 $G$，包含 $n$ 个点和 $m$ 条边。请计算从起点 $s$ 到终点 $t$ 的 次短路径 长度。如果不存在次短路径，输出 -1；否则输出次短路径的长度。

```cpp
#include <iostream>
#include <vector>
#include <queue>
#include <cstring>
using namespace std;

const int MAXN = 100010, INF = 1e9;

struct Edge {
    int to, weight, next;
} edges[MAXN];

int head[MAXN], tot;
int dist[MAXN], dist2[MAXN];
bool visited[MAXN];
```

```cpp
int n, m, s, t;

void addEdge(int u, int v, int w) {
    edges[++tot] = {v, w, head[u]};
    head[u] = tot;
}

bool update(int from, int to, int d, priority_queue<pair<int, int>, vector<pair<int, int>>, greater<pair<int, int>>> &pq) {
    if (d >= dist[to]) return false;
    if (dist[to] < INF) {
        dist2[to] = __①__;          // 填空1
    }
    dist[to] = d;
    pq.push(__②__);                 // 填空2
    return true;
}

void solve() {
    memset(dist, __③__, sizeof(dist));              // 填空3
    memset(dist2, 0x3f, sizeof(dist2));
    dist[s] = 0;

    priority_queue<pair<int, int>, vector<pair<int, int>>, greater<pair<int, int>>> pq;
    pq.push({0, s});

    while (!pq.empty()) {
        int d = pq.top().first, u = pq.top().second;
        pq.pop();

        if (visited[u]) continue;
        visited[u] = true;

        for (int i = head[u]; i; i = edges[i].next) {
            int v = edges[i].to, w = edges[i].weight;
            if (dist[u] + w < dist[v]) {
                if (!update(u, v, dist[u] + w, pq)) {
                    dist2[v] = __④__;                // 填空4
                }
            } else if (dist[u] + w < dist2[v]) {
                pq.push(__⑤__);                      // 填空5
            }
        }
    }
}

int main() {
    cin >> n >> m >> s >> t;
    for (int i = 1; i <= m; ++i) {
        int u, v, w;
        cin >> u >> v >> w;
        addEdge(u, v, w);
```

```
    }
    solve();

    if (dist2[t] >= INF) cout << "-1\n";
    else cout << dist2[t] << "\n";
}
```

**选择题**

（1）①处应填（　　）。

A. dist[to]　　　　　　B. dist[from]　　　C. dist2[to]　　　　D. dist2[from]

（2）②处应填（　　）。

A. make_pair(d, to)　　　　B. make_pair(dist[to], to)
C. make_pair(-dist[to], to)　D. make_pair(dist2[to], to)

（3）③处应填（　　）。

A. 0x7f　　　　　　　B. 0x3f　　　　　　C. INF　　　　　　D. -1

（4）④处应填（　　）。

A. dist[u] + w　　　　B. dist[v]　　　　　C. dist2[u] + w　　D. dist2[v]

（5）⑤处应填（　　）。

A. {dist2[v], v}　　　B. {dist[v], v}　　　C. {dist2[u], u}　　D. {dist[v], u}

# 第8章　CSP-J考试模拟练兵场

## 8.1　选择题

1. 在 C++ 中，如果你需要存储一个可能超过 int 范围的数值，比如 3000000000，应该选择以下哪种数据类型（　　）。

   A. Int　　　　　B. short　　　　　C. long long　　　　　D. float

2. 计算 $(101_2 \times 12_8) - C_{16}$ 的结果，并选择答案的十进制值（　　）。

   A. 98　　　　　B. 99　　　　　C. 100　　　　　D. 101

3. 某学校有 9 名学生，分为 3 个小组：A 组有 3 人，B 组有 3 人，C 组有 3 人。现需要从这 9 名学生中选出 3 人组成一个代表队，且每个小组至少要有 1 人。问共有多少种选择方式（　　）。

   A. 18　　　　　B. 36　　　　　C. 54　　　　　D. 60

4. 一个格雷码编码系统有 5 位二进制格雷码，对应的第 15 个数字是（　　）。

   A. 10001　　　　　B. 10110　　　　　C. 11100　　　　　D. 10111

5. 1TB 为 1024GB，1GB 为 1024MB，1MB 为 1024KB，1KB 为 1024 字节（Byte），问 1TB 是（　　）二进制位（bit）。

   A. $2^{40}$　　　　　B. $8 \times 10^{12}$　　　　　C. 8796093022208　　　　　D. 1099511627776

6. 以下关于 C++ 数据类型的说法中，错误的是（　　）。

   A. char 是 C++ 的基本数据类型，用于存储单个字符

   B. struct 是用户自定义的复合数据类型，不属于基本数据类型

   C. int 和 float 都是 C++ 的基本数据类型

   D. bool 是由用户定义的布尔类型

7. 以下代码输出（　　）。

```
int x = 0;do {
    x++;
    cout << x << " ";
} while (x < 3);
```

   A. 0 1 2 3　　　　　B. 1 2 3　　　　　C. 1 2 3 4　　　　　D. 无输出

8. 以下代码输出（　　）。

```
char ch = (char)('z' 25);
```

```
cout << ch << endl;
```
A. a      B. b      C. y      D. x

9. 在长度为 5000 的有序数组中，用二分查找寻找目标元素 x，若目标元素不在数组中，最多需要比较（　　）次才能确定。

A. 12      B. 13      C. 14      D. 15

10. 以下关于操作系统的描述中，错误的是（　　）。

A. Windows 是一种操作系统，用于个人计算机和服务器

B. Linux 是一种开源操作系统，可以自由修改和发布

C. macOS 是一种基于 UNIX 的操作系统，由微软公司开发

D. Android 是一种基于 Linux 内核的操作系统

11. 在一个无向图中，所有顶点的度数之和为 16，则图的边数是（　　）。

A. 8      B. 16      C. 32      D. 4

12. 某二叉树的中序遍历为 [D,B,E,A,F,C,G]，后序遍历为 [D,E,B,F,G,C,A]。该二叉树的前序遍历结果是（　　）。

A. [A,B,D,E,C,F,G]      B. [A,C,B,D,E,G,F]

C. [A,B,E,D,F,C,G]      D. [A,C,F,G,B,D,E]

13. 某空栈的入栈顺序为 1, 2, 3, 4，下列中不可能的出栈顺序是（　　）。

A. 4, 3, 2, 1      B. 3, 4, 1, 2      C. 4, 1, 3, 2      D. 1, 2, 4, 3

14. 有 6 个人站成一排，其中 2 人必须相邻，其余人没有限制。共有不同的排列方式（　　）。

A. 720 种      B. 240 种      C. 1440 种      D. 480 种

15. 下列语言中使用解释器执行而不是编译器的为（　　）。

A. C++      B. Python      C. Java      D. Go

## 8.2 程序阅读

程序输入不超过数组或字符串定义的范围；判断题正确填 ✓，错误填 ✗；除特殊说明外。

### 第 1 题

```
include<iostream>
using namespace std;

bool isPrime(int n) {
    if (n <= 1) return false;
    for (int i = 2; i * i <= n; i++) {
        if (n % i == 0) return false;
    }
    return true;
```

```
}

int main() {
    int x;
    cin >> x;
    if (isPrime(x)) {
        cout << x << " 是素数 " << endl;
    } else {
        cout << x << " 不是素数 " << endl;
    }
    return 0;
}
```

**判断题：**

16. 输入 11 时，输出为 "11 是素数 "。（      ）

17. 修改条件为 i <= n / 2，程序仍然能正确判断素数。（      ）

18. 如果输入 4，输出 "4 是素数 "。（      ）

**单选题：**

19. 输入 17 时，输出为（      ）。

A. "17 是素数 "　　　　B. "17 不是素数 "　　　　C. "17 不是整数 "　　　　D. 无法运行

20. 如果输入 9，输出为（      ）。

A. "9 是素数 "　　　　B. "9 不是素数 "　　　　C. " 无法判断 "　　　　D. 无法运行

## 第 2 题

```
include <iostream>
include <vector>
include <algorithm>
using namespace std;

int compute(vector<int>& cost) {
    int prev2 = 0, prev1 = cost[0];
    for (int i = 2; i <= cost.size(); i++) {
        int curr = min(prev1, prev2) + cost[i 1];
        prev2 = prev1;
        prev1 = curr;
    }
    return min(prev1, prev2);
}

int main() {
    int n;
    cin >> n;
    vector<int> cost(n);
    for (int i = 0; i < n; i++) {
        cin >> cost[i];
    }
    cout << compute(cost) << endl;
```

```
        return 0;
}
```

**判断题：**

21. 修改动态规划为仅用两个变量，程序输出保持不变。（    ）
22. 输入 cost = {2, 3, 4}，程序输出为 4。（    ）
23. 修改 cost[i 1] 为 cost[i 2]，程序会输出最小路径的第二小值。（    ）

**选择题：**

24. 输入 cost = {1, 100, 1, 1, 1, 100, 1, 1, 100, 1}，程序的输出为（    ）。
A. 6          B. 10          C. 8          D. 15
25. 修改为 dp[i] = dp[i 1] + dp[i 2]，输入 cost = {3, 6, 9}，程序的输出是（    ）。
A. 15         B. 18          C. 24         D. 12
26. 如果 cost = {5, 5, 5, 5, 5}，程序的输出为（    ）。
A. 5          B. 10          C. 15         D. 25

### 第 3 题

```
include <iostream>
include <cmath>
using namespace std;

int customFunction(int a, int b) {
    if (b <= 0) {
        return 0;
    }
    return a + customFunction(a, b 1);
}

int main() {
    int x, y;
    cin >> x >> y;
    int result = customFunction(x, y);
    cout << result * result << endl;
    return 0;
}
```

**判断题：**

27. 如果输入 5 2，则 customFunction(5, 2) 的返回值为 10。（    ）
28. 如果 b 为负数，customFunction 返回 0。（    ）
29. 程序的时间复杂度与 b 成正比。（    ）

**选择题：**

30. 如果输入 5 3，程序的输出是（    ）。
A. 25         B. 100         C. 225        D. 400
31. 如果将递归条件改为 b == 0 返回 1，输入 4 3，程序的输出是（    ）。
A. 9          B. 16          C. 25         D. 36

32. 如果输入 3 -2，程序的最终输出为（    ）。
A. 0　　　　　　B. 1　　　　　　C. -1　　　　　　D. 编译错误

## 8.3 阅读程序

### 第 1 题

问题：给定一个正整数 $n$，输出它的所有因数。

补全程序

```
include<iostream>
using namespace std;
void printFactors(int num){
    for (int i = 1; i <=   ①   ; ++i){    // 遍历所有可能因数
        if (  ②  ){                        // 检查是否为因数
            cout << i << " ";              // 输出因数
        }
    }
    cout << endl;                          // ③ 输出完成换行
}
int main(){
    int n;
    cin >> n;
    cout << "Factors of " << n << " are: ";
    printFactors(  ④  );                   // 调用函数输出因数
    return  ⑤ ;
}
```

选择题：

33. ①处应填（    ）。
A. num　　　　　　B. sqrt(num)　　　　　　C. num / 2　　　　　　D. num 1

34. ②处应填（    ）。
A. num % i == 0　　B. i % num == 0　　　　C. num == i　　　　　　D. i == num

35. ③处应填（    ）。
A. num++　　　　　　B. endl　　　　　　　　C. break　　　　　　　　D. cout

36. ④处应填（    ）。
A. num　　　　　　B. n　　　　　　　　　　C. &num　　　　　　　　D. printFactors

37. ⑤处应填（    ）。
A. 0　　　　　　　B. true　　　　　　　　C. false　　　　　　　　D. 0

## 第 2 题

问题：将一个字符串按字符顺序重新排列。递归实现字符串排序，按字典序输出排列结果。
试补全程序

```
include <iostream>
include <algorithm>
using namespace std;

void permute(string s, int l, int r) {
    if (l ==  (1)  ) {                    // 判断是否完成排列
        cout << s << endl;                // 输出当前排列
        return;
    }
    for (int i = l; i <= r; i++) {
        swap(s[l], s[i]);                 // (2) 交换当前字符
        permute(  (3)  );                 // 递归生成子排列
        swap(s[l], s[i]);                 // (4) 还原字符位置
    }
}

int main() {
    string s;
    cin >> s;
    permute(s, 0, s.size() 1);
    return 0;
}
```

选择题：

38. ①处应填（　　）。

A. s.size() 1　　　　B. l == r　　　　C. l + r　　　　D. r == s.size()

39. ②处应填（　　）。

A. swap(s[i], s[l])　　B. swap(s[i], s[r])　　C. swap(s[l], s[i])　　D. swap(s[r], s[l])

40. ③处应填（　　）。

A. permute(s, l + 1, r)　　B. permute(s, l, r)　　C. permute(s, l 1, r)　　D. permute(s, l + 2, r)

41. ④处应填（　　）。

A. swap(s[i], s[l])　　B. swap(s[l], s[r])　　C. swap(s[l], s[i])　　D. swap(s[r], s[l])

42. 输出结果排列的顺序是（　　）。

A. 按输入字符的原顺序　　B. 按字典序排列　　C. 按倒序排列　　D. 无序排列

# 第9章　CSP-S考试模拟练兵场

## 9.1　选择题

1. 在 Linux 系统中，如果需要切换到父目录，应该使用的命令是（　　）。
A. Pwd　　　　　　B. cd ..　　　　　　C. ls　　　　　　D. echo
2. 在一个已排序的升序数组中，查找最大元素的时间复杂度是（　　）。
A. $O(1)$　　　　　B. $O(\log n)$　　　　C. $O(n)$　　　　　D. $O(n\log n)$
3. 以下递归函数的时间复杂度是（　　）。

```
void fun(int n) {
    if (n <= 1) return;
    fun(n / 2);
}
```

A. $O(\log n)$　　　B. $O(n)$　　　　　C. $O(n^2)$　　　　D. $O(1)$
4. 在一场比赛中，有 15 名选手参加，前 3 名将获得奖牌，但奖牌之间没有区别。选前三名的方式共有（　　）。
A. 455 种　　　　　B. 2730 种　　　　C. 2184 种　　　　D. 5005 种
5. 在一个队列中，初始数据为 [1, 2, 3]（队头在左），依次执行以下操作后，队列中的数据顺序是（　　）。
1）入队操作：添加 4；2）出队操作：移除队头元素；3）入队操作：添加 5
A. [1, 2, 3, 4, 5]　　B. [2, 3, 4, 5]　　　C. [1, 2, 4, 5]　　　D. [3, 4, 5]
6. 递归函数的定义如下：$g(1)=1, g(n)=2\times g(n-1)+1 (n \geqslant 2)$，求 $g(4)$ 的值（　　）。
A. 15　　　　　　　B. 31　　　　　　　C. 63　　　　　　　D. 127
7. 已知一个无向图有 6 个顶点，顶点的度数分别是 2,4,4,4,4,4。该图一定是欧拉图（　　）。
A. 是　　　　　　　B. 否
8. 以下数组中，适合直接使用二分查找算法的是（　　）。
A. [7, 3, 5, 2, 8]　　B. [1, 3, 5, 7, 9]　　C. [10, 8, 6, 4, 2]　　D. [7, 7, 7, 7, 7]
9. 若模数 $m$ 为素数 17，$n=4$，则 4 在模 17 意义下的逆元是（　　）。
A. 13　　　　　　　B. 4　　　　　　　　C. 9　　　　　　　　D. 8
10. 在一个哈希表中，装填因子为 $\alpha=0.9$，总槽位数为 $m=200$。如果表中的键-值对数量增加到 $n=190$，而未扩展哈希表容量，以下可能发生的情况是（　　）。
A. 查找时间复杂度会逐渐接近 $O(1)$　　　B. 查找时间复杂度为 $O(\log n)$

C. 查找时间复杂度为 $O\left(\dfrac{1}{1-\alpha}\right)$  D. 查找时间复杂度为 $O(n)$

11. 假设有一棵完全二叉树，节点总数为 15，则这棵树的深度是（　　）。
A. 3　　　　B. 4　　　　C. 5　　　　D. 6

12. 在一个完全图 $K_6$ 中，每两个顶点之间都有一条边。该图中的边数为（　　）。
A. 6 条　　　B. 12 条　　C. 15 条　　D. 21 条

13. 给定一个正整数 $x$，定义一个函数 $f(x)$，它表示数字 $x$ 的各位数字之和。使得 $f(f(x))=6$ 的最小 $x$ 为（　　）。
A. 15　　　　B. 24　　　　C. 21　　　　D. 12

14. 长度为 $n=10$ 的 01 字符串，其中有 $k=4$ 个 1。所有的 1 都位于字符串最右端，每次可以交换相邻的两个字符，问将这 $k$ 个 1 移动到字符串最左端需要的最少交换次数是（　　）。
A. 16　　　　B. 20
C. 24　　　　D. 30

15. 给定一张有向图 $G$，它有 6 个顶点和 10 条边。如果需要删除一些边，使得从节点 1 到节点 6 不再有路径，那么最少需要删除的遍数为（　　）条。
A. 1　　　　B. 2
C. 3　　　　D. 4

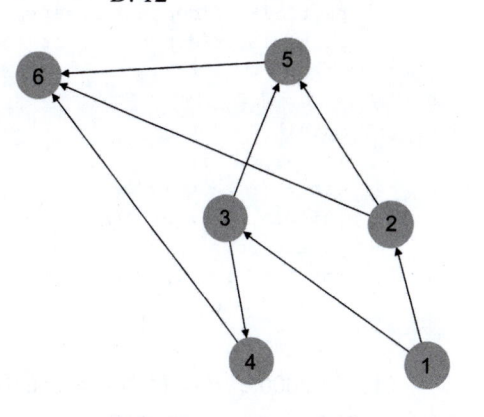

## 9.2　程序阅读题

### 第 1 题

```
#include <iostream>
using namespace std;

const int N = 1000;
int c[N];

int advancedLogic(int x, int y) {
    return (x & ~y) | (x ^ y);
}

void buildArray(int a, int b, int *c) {
    for (int i = 0; i < b; i++) {
        c[i] = advancedLogic(a, i) % (b + 3);
    }
}
```

```
void partialSort(int depth, int *arr, int size) {
    if (depth <= 0 || size <= 1) return;
    int pivot = arr[0];
    int i = 0, j = size - 1;
    while (i <= j) {
        while (arr[i] < pivot) i++;
        while (arr[j] > pivot) j--;
        if (i <= j) {
            swap(arr[i], arr[j]);
            i++; j--;
        }
    }
    partialSort(depth - 1, arr, j + 1);
    partialSort(depth - 1, arr + i, size - i);
}

int main() {
    int a, b, d;
    cin >> a >> b >> d;
    buildArray(a, b, c);
    partialSort(d, c, b);
    for (int i = 0; i < b; ++i) cout << c[i] << " ";
    cout << endl;
}
```

（1）当 $2000 \geqslant d \geqslant b^2$ 时，输出的序列是有序的。（     ）

A. 正确　　　　　B. 错误

（2）当输入为 7 7 1 时，输出为 3 3 7 7 7 7 7。（     ）

A. 正确　　　　　B. 错误

（3）假设数组 $c$ 长度无限制，该程序所实现的算法的时间复杂度是 $O(b)$。（     ）

A. 正确　　　　　B. 错误

（4）函数 advancedLogic(int x, int y) 的功能是（     ）。

A. 按位与　　　B. 按位或　　　C. 按位异或　　　D. 以上都不是

（5）当输入为 9 40 40 时，输出的第 40 个数是（     ）。

A. 31　　　　　B. 35　　　　　C. 42　　　　　D. 40

## 第 2 题

```
#include <iostream>
#include <string>
using namespace std;

const int P = 998244353, N = 1e4 + 10, M = 20;
int n, m;
string s;
int dp[1 << M];

int solve() {
    dp[0] = 1;
```

```
        for (int i = 0; i < n; ++i) {
            for (int j = (1 << (m - 1)) - 1; j >= 0; --j) {
                int k = (j << 1) | (s[i] - '0');
                if (j != 0 || s[i] == '1')
                    dp[k] = (dp[k] + dp[j]) % P;
            }
        }
        int ans = 0;
        for (int i = 0; i < (1 << m); ++i) {
            ans = (ans + 89 * i * dp[i]) % P;
        }
        return ans;
    }
    int solve2() {
        int ans = 0;
        for (int i = 0; i < (1 << n); ++i) {
            int cnt = 0, num = 0;
            for (int j = 0; j < n; ++j) {
                if (i & (1 << j)) {
                    num = num * 2 + (s[j] - '0');
                    cnt++;
                }
            }
            if (cnt <= m) (ans += num) %= P;
        }
        return ans;
    }
    int main() {
        cin >> n >> m;
        cin >> s;
        if (n <= 30) {
            cout << solve2() << endl;
        }
        cout << solve() << endl;
        return 0;
    }
```

(1) 假设数组 dp 长度无限制。solve() 所实现的算法的时间复杂度是 $O(n \times 2^m)$。（　　）

A. 正确　　　B. 错误

(2) 输入 n=10,m=5,s=1110101010 时，程序输出两个数 78 和 567。（　　）

A. 正确　　　B. 错误

(3) 在 n≤8 时，solve() 的返回值始终小于 $2^{10}$。（　　）

A. 正确　　　B. 错误

(4) 当 n=10,m=10 时，要使得两行的结果完全一致的输入有（　　）。

A. 512 种　　B. 11 种　　　C. 9 种　　　D. 0 种

(5) 当 n≤6 时，solve() 的最大可能返回值为（　　）。

A. 255　　　B. 1023　　　C. 511　　　D. 1791

（6）若 n=8, m=8，solve 和 solve2 的返回值的最大可能的差值为（　　）。

A. 1536　　B. 1024　　C. 2048　　D. 2560

### 第 3 题

```cpp
#include <iostream>
#include <cstring>
#include <algorithm>
using namespace std;

const int maxn = 1000000 + 5;
int P1, P2;                              // 修改：将模数作为输入参数
int B1 = 3, B2 = 5;
int K1, K2;                              // 修改：允许输入 K1 和 K2

typedef long long ll;

int n;
bool p[maxn];
int p1[maxn], p2[maxn];

struct H {
    int h1, h2, l;
    H(bool b = false) {
        h1 = b * K1;
        h2 = b * K2;
        l = 1;
    }

    H operator+(const H &h) const {
        H hh;
        hh.l = l + h.l;
        hh.h1 = (1ll * h1 * p1[h.l] + h.h1) % P1;
        hh.h2 = (1ll * h2 * p2[h.l] + h.h2) % P2;
        return hh;
    }

    bool operator==(const H &h) const {
        return l == h.l && h1 == h.h1 && h2 == h.h2;
    }

    bool operator<(const H &h) const {
        if (l != h.l) return l < h.l;
        else if (h1 != h.h1) return h1 < h.h1;
        else return h2 < h.h2;
    }
} h[maxn];

void init() {
    memset(p, 1, sizeof(p));
    p[0] = p[1] = false;
    p1[0] = p2[0] = 1;
```

```
    for (int i = 1; i <= n; ++i) {
        p1[i] = (1ll * B1 * p1[i - 1]) % P1;
        p2[i] = (1ll * B2 * p2[i - 1]) % P2;
        if (!p[i]) continue;
        for (int j = 2 * i; j <= n; j += i) {
            p[j] = false;
        }
    }
}

int solve() {
    for (int i = n; i; --i) {
        h[i] = H(p[i]);
        if (2 * i + 1 <= n) {
            h[i] = h[2 * i] + h[i] + h[2 * i + 1];
        } else if (2 * i <= n) {
            h[i] = h[2 * i] + h[i];
        }
    }

    cout << h[1].h1 << endl;
    sort(h + 1, h + n + 1);
    int m = unique(h + 1, h + n + 1) - (h + 1);
    return m;
}

int main() {
    cin >> n;
    cin >> P1 >> P2;
    cin >> K1 >> K2;
    init();
    cout << solve() << endl;
}
```

（1）输入 n=10, P1=1000000007, P2=998244353, K1=1, K2=7，输出的第一行为（　　）。

A. 54　　　　　B. 83　　　　　C. 42　　　　　D. 71

（2）程序中 init() 函数的作用是（　　）。

A. 预处理幂次基数和素数表　　　　B. 构建完全二叉树

C. 统计素数个数　　　　　　　　　D. 求解哈希值

（3）当 K1 和 K2 同时变为 0 时，输出的第二行去重后的哈希值个数是（　　）。

A. 1　　　　　B. 5　　　　　C. 6　　　　　D. 10

（4）若输入 n=8, K1=1, K2=2，合并顺序对应于下列中的（　　）。

A. 层序遍历　　B. 先序遍历　　C. 中序遍历　　D. 后序遍历

（5）输入 n=15，输出的第一行的根节点 h[1].h1 值为（　　）。

A. 42　　　　　B. 51　　　　　C. 61　　　　　D. 83

（6）输入 n=12, K1=0, K2=0，输出去重后的哈希值个数是（　　）。

A. 1　　　　　B. 6　　　　　C. 8　　　　　D. 12

## 9.3 完善程序题

### 第 1 题

给定一个长度为 $n$ 的整数数组 $A$，需要找到数组中两个数的绝对差值中的第 $k$ 小值。例如，对于数组 $A$=[1,3,6,10]，所有可能的绝对差值为 [2,5,9,3,7,4]。请设计程序高效解决该问题，要求使用二分查找法优化解法，并通过不同的统计逻辑解决问题。

```cpp
#include <iostream>
#include <algorithm>
using namespace std;

const int maxn = 100005;
int A[maxn];

bool check(int mid, int *A, int n, int k) {
    long long count = 0;
    for (int i = 0, j = 0; i < n; ++i) {
        while ( __①__ ) {
            __②__;
        }
        count += __③__;
    }
    return __④__;
}

int solve(int *A, int n, int k) {
    int l = 0, r = __⑤__;
    while (l < r) {
        int mid = (l + r) / 2;
        if (check(mid, A, n, k)) {
            r = mid;
        } else {
            l = mid + 1;
        }
    }
    return l;
}

int main() {
    int n, k;
    cin >> n >> k;
    for (int i = 0; i < n; ++i) cin >> A[i];
    sort(A, A + n);
    cout << solve(A, n, k) << endl;
    return 0;
}
```

(1) ①处应填（　　）。
A. j < n && A[j] - A[i] <= mid
B. j > n && A[j] - A[i] <= mid
C. j < n || A[j] - A[i] > mid
D. j < n && A[j] + A[i] <= mid

(2) ②处应填（　　）。
A. count++　　　　B. j++　　　　C. i++　　　　D. k--

(3) ③处应填（　　）。
A. j - i　　　　B. j - i - 1　　　　C. j + i - 1　　　　D. j - (i + 1)

(4) ④处应填（　　）。
A. count >= k　　　　B. count <= k　　　　C. count == k　　　　D. count > k

(5) ⑤处应填（　　）。
A. A[n - 1] - A[0]　　　　B. A[n - 1] + A[0]　　　　C. A[n - 1] * A[0]　　　　D. A[n - 1] / A[0]

## 第 2 题

在一个有向图中，每条边有权重。请计算从起点 $s$ 到终点 $t$ 的第 $k$ 短路径的长度（其中 $k=2$）。如果不存在这样的路径，输出 -1。

```cpp
#include <iostream>
#include <queue>
#include <vector>
#include <cstring>
using namespace std;

const int MAXN = 100010, INF = 1e9;

struct Edge {
    int to, weight;
};
vector<Edge> graph[MAXN];

int dist[MAXN][3];          // 每个点的前两短路径长度
bool visited[MAXN][3];
int n, m, s, t;

void addEdge(int u, int v, int w) {
    graph[u].push_back({v, w});
}

void solve() {
    memset(dist, 0x3f, sizeof(dist));
    dist[s][0] = 0;

    priority_queue<tuple<int, int, int>, vector<tuple<int, int, int>>, greater<>> pq;
    pq.push({0, s, 0});

    while (!pq.empty()) {
        auto [d, u, k] = pq.top();
        pq.pop();
```

```cpp
            if (visited[u][k]) continue;
            visited[u][k] = true;

            for (auto &edge : graph[u]) {
                int v = edge.to, w = edge.weight;
                int new_dist = d + w;

                if (new_dist < dist[v][0]) {
                    dist[v][2] = dist[v][1];
                    dist[v][1] = dist[v][0];
                    dist[v][0] = new_dist;
                    pq.push(__①__);
                } else if (new_dist < dist[v][1]) {
                    dist[v][2] = dist[v][1];
                    dist[v][1] = new_dist;
                    pq.push(__②__);
                } else if (new_dist < dist[v][2]) {
                    dist[v][2] = new_dist;
                    pq.push(__③__);
                }
            }
        }
    }
}

int main() {
    cin >> n >> m >> s >> t;
    for (int i = 0; i < m; ++i) {
        int u, v, w;
        cin >> u >> v >> w;
        addEdge(u, v, w);
    }

    solve();

    if (__④__) cout << "-1\n";
    else cout << __⑤__ << "\n";
}
```

(1) ①处应填（    ）。

A. {dist[v][0], v, 0}    B. {dist[v][1], v, 1}    C. {dist[v][0], u, 0}    D. {dist[v][1], u, 1}

(2) ②处应填（    ）。

A. {dist[v][0], v, 0}    B. {dist[v][1], v, 1}    C. {dist[v][1], v, 2}    D. {dist[v][2], v, 2}

(3) ③处应填（    ）。

A. {dist[v][2], v, 2}    B. {dist[v][1], v, 1}    C. {dist[v][0], v, 0}    D. {dist[v][2], v, 1}

(4) ④处应填（    ）。

A. dist[t][1] >= INF    B. dist[t][0] >= INF    C. dist[t][2] >= INF    D. dist[t][1] < INF

(5) ⑤处应填（    ）。

A. dist[t][1]    B. dist[t][0]    C. dist[t][2]    D. -1